相信閱讀

Believe in Reading

財經企管 572

攻擊者優勢

如何洞察產業不確定性，創造突圍新契機

夏藍 RAM CHARAN 著　林麗雪 譯

Turning Uncertainty into Breakthrough Opportunities

The Attacker's Advantage

攻擊者優勢

如何洞察產業不確定性，創造突圍新契機

目次

The Attacker's Advantage
Turning Uncertainty into Breakthrough Opportunities

第三部
主動出擊

第四部
敏捷應變

前言

何謂「攻擊者優勢」？

我們在直覺上就能感受到不確定性：不知道從何而來、忽然快速壯大的競爭者；演算法革命；愈來愈多從虛擬世界各個角落中出現的競爭者；還有積重難返的全球金融體系。很多力量會永久改變一家公司、一個產業或整個行業的獲利方式，並讓不確定性成為這個時代中重要的領導挑戰，這只是眾多力量中的幾項而已。所有人都在問：「當變化是如此無法預期又快速時，該如何做決策與領導？」

本書將說明你在這個一路上大轉彎頻繁出現的時代裡所必須擁有的能力。攻擊者優勢是一種知覺上的敏銳度，可以領先別人察覺出能大幅重塑市場的力量，因此就能占到好位置，在下一步搶得先機。這是一種能克服對不確定性的恐懼、並且找到機會的心態；是一種在未知狀態中向前大步邁進的勇氣；同時也是一種帶著速度、專注且不破壞團隊士氣下獲得優勢的能力。

藉由精確指出不確定性的來源，定義出一條前進的路線，並藉此在帶領組織時做出頻繁而必要的調整，你就會了解，根本不需要害怕不確定性。相反的，藉著深深沉浸其中，你將發現創造極有價值新事業的機會。愈能接受不確定性，並練習與未知共處，就愈能培養自信，也能對領導更有準備。

第一部

關鍵領導力

第1章

大轉彎

掌控不確定性是當代最重要的領導挑戰。

這並不是從堆積有五、六十公分厚的研究中所得到的推論，而是我從擔任數百位企業領導者的顧問經驗中深刻的理解。這些企業領導者來自全世界的許多企業與各種產業，包括董事會成員到部門主管。過去數十年來，我和很多人有非常密切的關係，因為這層關係讓我得以了解他們行動與決策的理由。我經常和數百位領導者交談、向他們提問，同時彼此交流資訊。基於這樣的經驗背景，我可以很有信心的說，今天的企業領導者正面臨極大的不確定性，而這種不確定性真的非常獨特。因為其規模、速度、衝擊力道之猛烈，還有更加無所不在的特性，以重要性的次序而言，性質與過去發生的事物截然不同。

當然，我們都知道人生充滿不確定性，企業也會面對類似的未知狀況，有些是屬於營運上的，例如根據需求把輪班生產做到最好、推出新產品，或是因應不斷改變的利率等。另外，職涯上的不確定性可能會改變工作的保障或未來的機會，例如老闆就是比較喜歡比你無能的對手，因而做出不好的決策。有些不確定性則比較宏觀，例如地理政治的衝突（這些日子以來有增強的趨勢）、氣候變遷，以及非常不穩定的全球金融體系。

最新的不確定性是結構上的，我之所以會強調結構上，是因為這種力量會推翻現存的市場或產業結構，讓目前的市場與產業面臨大幅萎縮或完全消失的風險。這些力量是長期且無法抗拒的。對毫無準備的人來說，這些巨大改變就像路上忽然出現的大轉彎，毫無預警就出現了，不管你原來對公司前途的願景為何，現在也都無法看見。接下來十年，整個世界經濟預期會有30兆美元的成長，人們需要與想要的也一直在改變。因此，能夠預測且掌控不確定性，並開創新公司、新商業模式、新市場區隔，甚至新產業的人，機會絕對是無可限量。

結構不確定性是全球性的，但同時也是個別性的。由於網路與低成本的無線通訊，有一批驅動改變的人正在世界各地不斷成長。理論上，這樣的人應該有七十億人，也就是全世界的總人口數。其中一個可能就是巴韋（Amol Bhave），他是住在印度賈巴爾普爾（Jabalpur）的十七歲青少年。在全世界，註冊參加由麻省理工學院與哈佛贊助的edX線上教育機構的八十萬多人中，他只是其中一人。2013年3月，巴韋收到麻省理工學院的錄取通知，因為他在edX的電路與電子課程中得到前3%的評分。他告訴《金融時報》（*Financial Times*）：「它為我開啟進入像是麻省理工學院這樣名校的大門，在我居住的小鎮上，這是我做夢都不敢想的大學[1]。」

每天有七十多億人可以隨時取得所有資訊與其中蘊含的洞見，並且能以前所未有的方式和其他人合作。好的創意很快就能擴大規模，因為到處都有準備好的資金要投資前途看俏的構想。對數位公司來說，完成擴編極為快速，而且額外增加的成本極低。另一方面，因為數位化與互聯網，包括社群媒體、評論和即時的價格比較，能提供前所未有的資訊與意見，消費者也得到新的重要權力。消費者的偏好可能會一起改變，規模甚至會是全球性的，這會破壞或削減某個產業，並且產生新的產業，因而又增加另一個面向的不確定性。最後，由於電腦與通訊技術革命帶來的速度，每個改變的總量都會增加，也因此每個不確定性都會被放大。

在不確定性中領導的要點

要帶領公司安然度過結構不確定性所需要的領導才能，顯然和過去所受的訓練，以及現在可能正在做的事情截然不同。領導者需要極為不同的心態，具備同時預測事件並採取攻擊行動的新技能。

能創造改變而不只是學習與改變共存的人，才能擁有最大的優勢。這些領導者不是等著反應，而是把自己投入到狀態不明的外部環境中，在大勢底定且大家熟知前就著手分析整理這些不確定性，並且設定一條新路線，帶領公司堅決朝著這條道路前進。他們構想出新的需求，或是目前需求的全新定義，通常在他們的心裡也已經有了一套新商業模式。他們描繪出新公司的明確圖像，接著帶領組織與外部的支持擁護者主動出擊。

不管過去的經驗讓你多有成就，都無法保證你在新世界中也能成功。在組織內部獲得升遷的大部分領導者都是絕佳的溝通者與激勵大師，懷抱願景、行動果決，最重要的是都能達到華爾街想要的營收數字，也因而獲得回饋與獎勵。採用三百六十度績效評估的大部分公司，主要也專注在這些領導特質上。但是，我認為還有一些面對當代最重要領導挑戰所必備的特質，例如更早看到不確定性的來源、利用不確定性主動出擊，並且準備領導組織適應外部環境的突然變化，而我至今尚未看到任何一家公司囊括這些特質。

很多領導者是等著外部環境的不確定性狀態塵埃落定後才做出回應。由於盲目相信公司已有的核心競爭力與動能，這些人只著眼於利潤萎縮和市占率衰退的立即徵狀，然後一如往常地回應，通常是採取降價、增加促銷活動、大幅削減成本並加強服務。藉由取得短期與一時的成功，勉強得以支撐華爾街想要的數字與公司即將過時的指標（在稍後將會談到更多指標），並因此強化他們的論點。

但是，只要考慮到當下現實中發生的改變，這些作為都淪為後見之明。即使你的公司聚焦在其他技能與特點，你也可以把領導大家面對結構不確定性當成個人的挑戰。

我初次理解到今天正在發生的變化有多麼重大時，即已為企業領導者發展出幾種可行的方法，讓他們在面對不確定性時不只是防守，而是能善加利用。我也發現，做好最佳準備以便在當下與未來變化頻仍的時代中領導團隊的人，都具備以下的技巧和能力：

1. 知覺敏感度。
2. 在不確定性中看到機會的心態。
3. 看到新路線並繼續堅持的能力。
4. 精通到新方向的轉換過程。
5. 讓組織具可操控性與敏捷度的技巧。

本書將充分說明每一種技能，還會提供培養這些技能的工具與見解，並分享其他人如何落實這些技能。

知覺敏感度

心理與精神有所準備，就能看到即將發生的事，並且比其他人更早瞄準外部環境中潛在的重大異常、矛盾及奇特事物。有些人與生俱來就具備這種能力，但這是可以學習，甚至可以制度化操作的。如果持續練習保持警覺心、對改變的訊號有感覺，並積極尋找其中的訊息，你就能更加敏銳。藉由有紀律且經常和不同領導者與專家交流見解，不只可以提升自己的敏銳度、交叉確認出個人的心理偏見，也能拓展你看待世界的視野。所以，要盡量培養自己發現不確定事物來源的習慣，包括驅動這件事的催化者，特別是去從事產業以外的事物，然後進行心智演練，想想蘊含的潛在意義。試圖尋找新事物，並思考其中的意義，有助於用不同角度看待事業，激發出關於新成長軌道的想法。你必須在自己的公司與產業以外，大幅拓展人脈、人際關係和消息來源，包括政府單位、非政府組織及生態系統的夥伴。

在不確定性中看到機會的心態

你必須體認到不確定性是在邀請你主動出擊，做好準備，在變化的環境中帶領組織抵達新天地。除非你被意外徹底擊敗，又完全沒有時間，否則永遠不應該採取守勢。察覺到結構上的破壞時，必須誠實以對；當過去讓公司成功的核心競爭力已經不再具有價值，並且可能是轉往另一個更有前途方向的阻礙時，也必須坦然接受。每一趟旅程都會遇到阻礙，有些完全是出於自己心理上的阻礙，讓人無法順利起步。對個人特殊的心理障礙保持敏銳的覺察力，會幫助你克服這一切。

看到新路線並繼續堅持的能力

你必須願意培養任何需要的新能力，包括能高度熟練應用數位化與演算法。在尋找新的機會並具體形成新的遊戲和獲利模式時，要聚焦在端至端（end-to-end）（譯注：指從源頭到結束，連續不中斷的過程）的消費者體驗上，並想像著外部的改變與數位化如何打造出全新又吸引人的產品。然後，要不屈不撓。要看出必須克服的阻礙，還有擋在路上的障礙物，並且加以排除。要讓主管和高層一起參與，如果你是執行長，也得讓董事會成員參與，這樣他們就能看見外部環境的相同現實。不要期待每個人都會同意你對公司走向的見解，而要有勇氣說出自己的信念。要和政府官員建立資訊溝通的橋梁，以了解他們的看法，並幫助他們理解影響你所處產業與消費者的結構不確定性。

精通到新路線的轉換過程

主動出擊可能需要很大的變動，同時還要持續調整工作的優先順序，並確保財務健全，尤其是和現金有關時。要同時掌握外部與內部的現實狀況，密切注意現金流和債務，以知道何時要加速、何時要變更長短期的收支平衡。為了打造公司的未來，藉著創造與達到短期里程碑就能贏得投資人信賴。你也必須尋找並吸引了解你正在做的事的投資人，和你一起走這趟旅程。

讓組織具可操控性與敏捷度的技巧

除非你把組織一起帶向新方向，否則就不可能成功。切記要學著讓組織具敏捷性、容易操控，你可以把外部現實和人力分配、任務的輕重緩急、決策權、預算與資金配置，以及關鍵績效指標（key performance indicator, KPI），即時連結在一起。為了達成這些目標，威力最強大的方法就是「聯合作業會議」（joint practice session, JPS）。在此會議中，來自公司跨部門的主管會同時分享資訊、做決策、整合行動，並徹底執行。聯合作業會議最主要的特色，就是能解決任何組織特有的衝突；另一個特色則是，能快速重新引導公司資源與人力的行動，以便和外部環境的變化保持一致。

準備面對不安的感覺

想要善加利用剛剛浮出檯面的市場現象，就必須大幅改變你對公司的定義。在很多例子中，這確實表示你會開始從事不同的業務，而且它遲早會侵蝕原本為你帶來最主要營收與現金的事業。在很大的程度上，這段期間中的每個過程，本質上都算是創業家的行動，即使待在資產雄厚企業裡的主管，也很少會有相關的經驗。其中的風險會讓他們覺得不適，因此會固步自封，不求改變。他們忽略不加入新戰局的風險，因此在某一種事業上做太久，但是這些事業往往經由某種數位化的形式，已經到達轉型的成熟時機〔切記百視達（Blockbuster）、柯達（Kodak）及博得書店（Borders）的例子〕。

在印度的Excelo公司案例可以說明你可能會面對的情境。它從一家資訊科技外包公司成長為協助企業重新設計資訊科技流程，以降低成本、縮短週期時間並提高生產力的發動者。它的主要營運邏輯是勞動力套利（labor arbitrage），也就是它的成本比客戶公司內部自行處理的成本更低廉。它和客戶的資訊科技門市有長期聯繫，因此在各自產業中也擁有極為深厚的專門知識。這家公司的執行長在職涯中和客戶公司建立深厚的關係，因此注意到有一股正在醞釀的改變趨勢。他發現客戶正在尋找運算相關的軟體，以大幅改變公司的業務，同時希望得到這方面的協助。要滿足該需求就意謂著Excelo必須轉移焦點，並取得新的專門知識。公司的核心事業還在賺錢，只是利潤受到激烈的競爭擠壓，是否應該轉移業務焦點？如果答案是肯定的話，就必須在其他公司進入前快速卡位。但是，這也表示要雇用很多擁有新專門知識的人力，而且遲早會解雇很多人，包括曾經為公司打下江山、敬業但現在已經落伍的中階主管們。Excelo的領導者現在必須做出讓人不安的決策，因為新事業占公司的財務來源比例會愈來愈大，現有事業的開銷就必須減少。但是要減少多少？減少得多快？這種轉換會不會徹底摧毀公司？資遣這麼多的人，媒體又會如何反應？

這些讓人不安的決定，都是新戰局的一部分。愈來愈多的公司資深領導者與董事會都在為類似的問題傷透腦筋，這種壓力也會影響負責事業單位損益的中階主管，他們面臨一個令人不安的問題是，高層是否會允許為了更有前途的機會而減少短期獲利。說服頂頭上司改變事業重心，是他們要率先面對的重大挑戰。

並不是每個新事業都會涉及如此可怕的議題，但其中最大的風險是，面臨劇烈改變的領導者通常會考慮得太久，最後才發現這個世界已經把他們拋諸腦後。當結果不確定時，你需要在對的時刻，憑藉著內在的力量與信念，放手一搏。你必須用對的人、以對的速度推動組織前進，這表示要持續調整組織，得以順利通過路上所有的彎道並轉向。

前進時如何處理不確定性，將決定你會進入兩個世界中的哪一個。第一個世界是由核心競爭力、增量收益（incremental gain）（譯注：增加相同產品的收益）及防守策略所組成，是一個吃老本的舊世界；第二個世界則是想成為攻擊者就必須進入的世界，這個世界有很多創業家創造出新需求並快速擴編，通常會為傳統業者設下路上的彎道。

第2章

結構不確定性

我在印度長大，我的家族在距離德里北方四十英里處，一個約有十萬人口的小鎮中開設一家鞋店，鞋店的周圍都是農地。我們的消費者都是農夫，大部分的人生活很簡單，每年雨季期間，農夫大部分都會待在家裡，而這就是我們的淡季，鞋子賣得很少。我們從來無法確切得知雨季從何時開始、會持續多久、雨量又會有多大，但是我們知道雨季一定會到來，所以會事先降低庫存，因應銷售減少與潛在的現金短缺問題。雨季來臨的精確時間就是一種**營運上的不確定性**，但是我們理解並知道要如何因應。

現在想像一下，某天有一群建築工人來到鎮上，開始砌混凝土、焊接鋼板，並且很快建好超級商店。這就是一種**結構上的不確定性**，如果事先未能看出來，你就會沒生意。當你因為結構不確定性而被擊敗時，雨季結束的精確時間就一點也不重要了。

戴爾電腦的啟示

你可以用現有的方法因應營運上的不確定性，但是結構不確定性出現在外部環境，根本無法掌控，如果你未能及時看到它成形，並在變化中的環境預留空間，你的公司可能就會被消滅。戴爾電腦（Dell Computer）的衰敗就是當代一個很好的例子，它曾是全世界最知名的成功故事之一。戴爾（Michael Dell）和領導團隊靠著公司的核心競爭力，三十年來以「接單後生產」模式獲致成功。這種模式能精確知道什麼時候需要哪一個零件，所以能迅速達到客戶的需求；而且多餘的零件也能保持在最低庫存量。由於快速的存貨週轉率、薄利及低價，讓戴爾電腦取得市占率；又因為營運資金是負的[2]，公司簡直就是一台印鈔機，每一季都能得到10億美元的訂單，因此成為市場上高獲利的產業龍頭。

之後戴爾電腦卻遭逢雙重致命打擊。其中之一來自於營運面：2004年，IBM出售個人電腦事業給聯想。當時聯想的前兩任執行長都來自於美國，卻都未能有所表現，外界因此認為中國人的公司絕對不可能成功。而後聯想長期的領導者楊元慶在2009年接任執行長，並且採取獨特的方法，同時聚焦在降低成本與創新，結果聯想一舉登上全球市占率第一名的寶座，擊敗戴爾電腦和惠普。價格更低廉的聯想電腦擠壓了戴爾電腦的利潤與現金流，致使戴爾電腦的股價因而大跌。

戴爾電腦也許有能力克服這個營運上的挑戰，但是大約在同一時間卻發生一個殺手級的結構性變化：平板電腦

〔Android系統與蘋果的iPad〕和智慧型手機問世了。就像個人電腦產業中的其他公司一樣，新的發展局面重創戴爾電腦。這是個人電腦產業最戲劇化的轉變，並預告桌上型電腦與筆記型電腦市場的嚴重衰退。由於結構上的變化，致使戴爾的優異營運也走到終點，因為它的核心競爭力已經不再具有競爭優勢（就我個人來說，我認識戴爾很久了，任何人都不該抹煞他與戴爾電腦的成就。現在他已經把戴爾電腦私有化，以便保有對未來下注的自由）。

共乘服務對計程車隊的衝擊

很少產業能避免結構不確定性的威脅，即使是像計程車這種分化的基層行業也一樣。由於法定費用與計程車執照的高價限制了競爭者的數量，數十年來計程車的經濟模式沒有本質上的改變。對於司機與計程車隊來說，主要問題都是營運問題，例如燃料成本，以及和主管官員討論如何拆帳等。現在，即時的共乘服務愈來愈受歡迎，例如優步（Uber）與Lyft等新興公司，乘客可以利用手機應用程式向擁有私家車的計程車服務商談搭乘的行程。大約在2012年，這種服務出現在快速適應新科技的舊金山；到了2014

年年中就已經遍及全美與全球主要城市。各地的主管機關本來想要禁止這些公司的業務，但是因為這些服務大受歡迎，愈來愈多的主管機關也讓步了。加州公共事業委員會（California Public Utilities Commission, CPUC）已經為這種服務提出「運輸網路公司」（transportation network company）的名稱，這可能會成為標準的定義。雖然歐洲各國政府對行之有年的業者比較友善，但是如果這類新興服務愈來愈受歡迎，傳統計程車隊的司機也必須小心觀察，因為這是可能會摧毀他們生意的結構性現象。

未曾留意早期警訊的諾基亞

結構不確定性並非忽然出現的；通常有很多早期的警訊，只是未被留意而已。諾基亞（Nokia）擁有了不起的品牌，也非常賺錢，曾經是市場占有率龍頭。但是，不到三年就變成瀕臨死亡的狀態，營收、利潤、現金和市占率幾乎呈現垂直、急速下降。他們路上的大轉向是蘋果造成的，它推出的消費者體驗既新鮮又吸引人。消費者對蘋果產品如痴如狂，實在是非比尋常，不只願意付出高價，還願意在人群中等候，只為搶先一機到手。

諾基亞在意外中落敗，但事情本可以不致於此。在iPhone問世前兩年，我和諾基亞的執行長曾有互動，公司當時已經得知iPhone，因為看過蘋果專利文件的諾基亞員工早就提出警訊。但是，領導團隊卻不太相信電腦公司會跨足手機事業，而且認為即使蘋果真的進入手機市場也不會構成威脅，因為蘋果還沒大到足以造成嚴重的問題。

的確，蘋果當時用iPod成功進入消費性電子產品市場，但這是一個高價卻低利潤的商品。蘋果的手機想必也會有類似定位，因此也不可能占有很大的市場。蘋果也可能很難通過通訊商門檻，而這是諾基亞擁有壓倒性優勢的領域，因為諾基亞是最大的營運商，擁有最大的市占率與辨識度最高的品牌，所以經營團隊推論，即使真的慢半拍，諾基亞也能迎頭趕上。

但是，iPhone的獨特性和蘋果的急速擴編，成功打造出全新的消費者體驗，以及高價、高利潤的全新大眾市場，並迅速取代舊市場，把諾基亞打得不知所措。結果，新市場快速擴展，成長率也不斷提升。

電動汽車對汽車業造成的改變

另外一個案例則是，馬斯克（Elon Musk）為汽車業創造出一個預想不到且極為重要的不確定性。直到最近，汽車製造商投入在開發電動汽車的資金，基本上只是維持大家的觀望與公共關係。但是，最近馬斯克的Tesla電動車，因為大受歡迎而引起注目。一開始，它被認為只是外行人製作的產品，是有錢人家的玩具。然而，它很快就證明馬斯克在設計與電池製造的突破具有很大的潛力，也有能力打開市場並開始增加產量。在2014年，該公司預估推出約三萬五千輛準豪華房車。戴姆勒（Daimler）與豐田已經購買Tesla的傳動系統，並且同時投資這家公司。這家公司會不會在如凱迪拉克、林肯、捷豹、賓士及更高價的福斯等豪華房車與準豪華房車的品牌中造成大轉彎？這個由BMW一直占據領先位置的市場是否已經面臨攻擊？抑或是可能開創出更大的市場？2014年6月，Tesla宣布為了加速電動車在全球的發展，考慮把專利開放給更多的汽車製造商。中國在國家主席習近平的領導下，似乎非常認真的考慮汙染問題。對全球汽車業來說，光是中國市場就足以成為極大的變數。如今，各地的汽車製造商可以考慮一個全新的事業，也都會把這項因素列入計畫中，不論是把它視為恩惠或威脅。

印度最大的基礎設備商GMR集團的主席拉奧（G. M. Rao），為我總結結構不確定性的機會。他曾告訴我，在每一個路上的大轉彎都包含一則關於未來成長軌道的訊息，如果某人不受現有的核心競爭力控制，能用不同的透鏡仔細察看，就能充分探索並加以利用。由於機會是來自全新的定義，一般人的本能反應通常會是「我完全不知道那是什麼東西，而它也和我們公司的核心概念與核心能力不符。」因為不確定性而成功的領導者會知道，一個解構中的世界會帶來新的機會，並降低進入的障礙，他們都是主動攻擊者，不但看得一清二楚、行動果決，並會主動出擊。

第3章

演算法革命

數學運算公司的興起

在單一變動元素中，最重大的要屬數學演算工具的進步，也就是所謂的演算法及其相關的複雜軟體。它創造巨大的不確定性與機會，為今天的企業界帶來持續成長的領域。把這麼多的心智活動放入電腦運算之中，並且運用在從消費者行為和人體健康，到工業設備的維護需求與使用年限各個層面，這種力量可以解構並預測每件事的模式和變化，堪稱前所未見。演算法結合其他技術後，大幅改變全球經濟的結構與每個人的生活型態（其他技術包括數位化、網際網路、行動寬頻、感應器，以及日益快速又價格低廉的資料分析能力）。

演算法與運用演算法的決策引擎（decision engine），可以用光速處理海量的資料，遠遠超過人類大腦可以處理的資訊量。它們可以重複運算數百萬次、檢查各種選項，或是某一個特定選項後續的第二種、第三種可能，最後提出一個結果，讓人們決定要接受、否決或是重新再做一次。就像人類會從經驗學習而改進或調整一樣，演算法也可以透過設計，從決策的結果學習，並改善後續的決策與預測。

演算法的新應用

過去數十年的進展下，演算法的最新應用已經破壞了過去經過時間證明的商業模式，並且創造出開拓性的全新商業模式。截至目前為止，演算法最顯著的角色在於大幅轉化零售業，讓大公司現在可以針對個別消費者做處理，企業與消費者之間因而可以建立嶄新而高度互動的關係。現在，這項革命正邁向更新且快速擴展的階段，機器在沒有人為的介入下，也可以和其他機器溝通，並經由人工智慧學習，還可以根據規則與演算法做出協調的決定。

這種能力已經快速擴展到數十億種裝置的可能連結，也就是持續增加中的物聯網（Internet of Things, IoT），藉著相連的感應器與軟體把各種機器和裝置加以整合。消費者因此能在任何地方使用智慧型手機設定家裡的恆溫器，或是遠距離查看寵物是否安好，還有更精密的軟體可以遠距監控並調整工業設備，同時管理供應鏈。機器對機器的溝通與學習，也幫助人們提升決策的能力、承受力及速度。我們目前還只是掌握潛在用途的皮毛，對抓住機會的人來說，這次大轉彎的成長機會將無可限量。

數學機構形成的新旋風

具備演算能力的公司和那些過去高度成功的企業相比，擁有極大的優勢。它們不只是走向數位化，根本已經化身「數學機構」（math house），這是我給它們的稱呼，它們正在為所有行業與企業帶來結構不確定性。谷歌、臉書、亞馬遜等企業創業時就是以數學演算公司之姿崛起；就像有人曾說的，它們天生就是數位公司。蘋果在賈伯斯回鍋當執行長時，也變成一家數學演算公司。

這股趨勢將會加速。無法完成轉換、只能靠資產賺錢的公司，面對數位化的競爭對手時將會非常脆弱，不堪一擊。企業領導者必須具備數位化的能力，至少要能知道如何向專家提出對的問題，同時具備尋求數學演算法協助重新設計消費者體驗的想像力。

確實，演算法帶給企業與消費者最大的改變就是豐富而全新的互動境界。對很多資產雄厚的企業來說，顧客經驗通常是第二手消息，甚至是第三手消息也屢見不鮮。舉例來說，公司的產品會被X代理商買走，然後轉賣給Y零售商，再賣給消費者。相反的，在今天的線上數學機構裡，真實的買家愈來愈常和企業直接互動，他們會直接購買東西並回饋意見，中間不需要任何中介。企業能追蹤並即時預測消費者偏好，然後盡快調整策略與產品，以滿足消費者持續改變的需求，也讓消費者得到前所未有的好處。

經由應用演算法得到的決策，讓製造商與個別消費者進行一種無須過濾、來回往復的對話，並能根據內建在演算法中的規則，即時傳達一致而可靠的資訊或決策。針對需要人腦判斷的決策，機器會把這個問題交由專人處理。從這些互動彙整的資料可以應用在所有用途上。舉例來說，端至端消費者體驗有很多接觸點（touch point），每一個接觸點，不管是人、數字或相關網頁，可能可以預測，也可能無法預測。公司可以把所有接觸點用極細節的方式詳細整理好，就能針對每一個接觸點蒐集資訊。接著數學引擎就能產生解讀，以引導有關創新、新產品的開發與資源配置的管理決策。使用者的接觸點分析隨時可以即時完成，或是在一段時間後由演算的樣本來完成。

這些資料也能做為診斷的工具，例如可以揭露外在潛在變化的訊號或根源，並且協助辨識出不確定性與新機會；可以從過去的趨勢中指出異常事物，同時分析這些異常是否正在形成模式，並協助你瞄準正在興起的新需求與趨勢，這些新需求與趨勢可能會徹底淘汰你原有的生意。

確實，在企業與消費者的關係演變中，數學機構正形成新的階段。工業革命以前是第一階段，工匠和顧客是一對一的交易。接著是大量製造與大量行銷的時代，然後是市場區隔和購買經驗半客製化。現在，由於如亞馬遜這類公司能蒐集並處理單一客戶的完整消費資訊，數學機構現在可以聚焦在每個消費者的身上。在某種意義上來說，我們又回到工匠模式，一個人就形成一個市場區隔。

能夠即時把公司和消費者體驗與接觸點連結的能力，對未來的組織有深遠的意義。它能加速決策，讓領導者得以把組織扁平化，很多公司甚至裁撤一半的階層。傳統的中階管理工作，如管理經理的主管將會有很大的比例消失，而保留的工作內容也會有大幅改變。公司的經常費用也會根據重要性而降低；具創造力的專家所費不貲，但是管理工作與低技術勞力的成本則會大幅下降。此外，績效指標會完全重新設計並透明化，這將促成公司內部的合作，並遍及公司的各個據點、地理區域、時區及文化的生態系統。

奇異重新定義產業標竿

奇異企業是原始道瓊工業指數中至今仍然存在的五家

公司之一，這家老字號企業現在基本上已經轉換為一家數學機構。它本來是產業界中的龍頭，事業版圖從噴射引擎與火車頭，到渦輪機和醫療影像設備，包羅萬象，光是藉由販售設備來提供服務，就能帶來新的生意。現在，該公司充分利用這項資產進行重要的轉型，並進入自己稱為「工業網路」（Industrial Internet）的領域，這也是它自行創造的詞彙。到了2014年年中，這家典型的製造業公司取得約莫2,500億美元存貨的三分之二訂單，都是來自數學智慧財產的服務業務。

奇異的重大變革大約是在2010年開始，當時該公司對IBM進入工業電腦領域的過程看得一清二楚，而這一向是它與其他競爭者牢牢占據的領域。IBM提供讓工業設備得以互相結合的精密軟體，並連帶影響客戶購買這項設備。奇異的領導團隊因此看見在軟體領域創造新營收的機會，不僅可以率先影響購買決策，接著就會影響設備與服務的設計。和設備本身相比，軟體的利潤極高，但投資成本卻很低。於是奇異開始擴展到工業網路領域，並且相當果決。2011年年初，奇異就在矽谷聚集一批精通軟體與演算法的專家。對奇異這種規模的公司來說，這件事的成本很低，但是影響卻很大：從當時起，奇異就成為工業網路的龍頭老大。2014

年，為了加速物聯網的發展，奇異與AT&T、思科、IBM及英特爾組成工業網路聯盟（Industrial Internet Consortium），藉由持續的合作，奇異大力擴展並改變這個領域。

奇異投入工業網路後，也為它的專長領域開啟獲利成長的新軌道，例如醫療設備、渦輪機、石油與天然氣、電網、火車頭及飛機引擎等，因為這些都是高度資本密集的固定資產，客戶也從停機時間的減少中得到好處。奇異同時也加強掌控高利潤、低資本密集及高客戶保留率的服務事業，不只用工業網路改善自家商品與服務的獲利，也藉由分享精密套裝軟體和演算法給競爭對手，創造出新的需求。更進一步的互相連通會繼續擴大用途，為奇異打開快速成長之路，並在逐步擴大的市場中吞食更大的餅。現在奇異已經從增加的市占率、更快的營收成長及更高的利潤中得到很多好處。舉例來說，在動力設備領域中利潤已經增加，領先最強的競爭者，市占率更是從30%大幅躍升到48%。

奇異在軟體與演算法上新建立的專門知識，讓這家公司在21世紀改頭換面，用執行長伊梅特的話來說，奇異定位於「從不確性中推動成果」。他擺脫奇異資融（GE Capital）的負擔，讓公司更明確聚焦，只留下讓公司能發揮財務專長的部分與設備事業。這次的改變也激發許多變革，像是人員的甄選與升遷、教育訓練內容、職涯發展計畫及營運機制，包括檢討奇異傳奇的營運制度等。同時，也在全公司推行降低成本。如何在不確定性中尋找機會，伊梅特的行動是可以參考的榜樣。

要從不確定性中得到好處，你必須把演算法當成明日用語的一部分，就正如今天的獲利率與供應鏈一樣。主管團隊也必須理解自己在公司成長中所扮演的角色。這個因素非常重要，重要到讓我很有信心的說：「任何現在不是數學機構或不能很快成為數學機構的組織，就已經是在吃老本的公司了。」轉型與公司的歷史是年輕或悠久無關，而是和公司如何有效及時面對新典範比較有關。它會更需要新型態的專門知識，並且把新技能移植到現有的組織中。許多公司都必須翻新組織、管理與領導的方式。

第4章

尋找早期警訊

很多企業領導者一直都活在沒有說出口的恐懼之中，深怕他們的產業會忽然發生改變，但卻未能看出事情是如何發生的。從領導者的作為，尤其是不作為中，我每天都能觀察到這種恐懼，在每個產業裡從上到下各個層級的人身上都能看到。從不相信汽車會帶來威脅的不知名馬車製造商，到查看iPhone專利文件卻低估可能意義的諾基亞高層，忽視或未能看見結構不確定性的知名領導者名單有一長串。

通常警訊不會出現在你最直接的生態系統內，而是會由局外人或怪人來發動。Napster伴隨著精密軟體與演算法出現，讓人們得以在線上分享音樂檔案，當時音樂產業推測法院遲早會終結這種本質上就是盜版的行為。之後，賈伯斯簽訂協議買下歌曲，並在蘋果突破性產品iPod裡的iTunes音樂平台發行這些音樂。產業界裡的大人物並沒有收到Napster傳出的警訊，重新設定方向的速度也不夠快，結果價值鏈裡的力量轉移，當高利潤的CD銷售量慘跌時，整個產業的營收也跟著下滑。

連結點狀徵兆

由於人們總是只求「低空飛過」，在公司的營運細節中埋頭苦幹，因此常會錯過這些早期的警訊。2009年金融危機期間，我在土耳其與一個名叫貝瑞（化名）的人開會，他是一家年營收10億美元的設備製造商老闆，一直遊走全世界尋找新客戶。當時，他正在和土耳其當地主管召開季度評估會議。他一抵達當地就聽到壞消息：團隊可能無法達成該季的銷售目標，因為客戶很難取得融資。通常客戶會與一家銀行合作，取得所需的貸款後才能購買公司的設備。但是，因為政府迫使銀行強化資產負債表，造成客戶必須和四家、五家，甚至六家銀行合作，並且有時候還無法取得需要的資金。有一筆交易就是因為客戶往來的六家銀行中的一家撤回貸款，接著又有另一家跟著撤出，導致在最後一刻無法成交。因此，當地的經營團隊想知道，母公司是否能提供融資來促成交易。

這並不是大難來臨的第一個訊號。貝瑞前一個月在巴西與美國也遇到類似的問題，他的公司被迫挪動資產負債表上的資金來提升銷售部門的業績。事實上，各地的銀行都在抽銀根，但是公司仍然保持穩定的生產，最後連現金都消耗一空。在接下來一個月，公司已經無法再取得融資，存貨也開始堆積。由於貝瑞看事情的高度不夠，無法看出全球金融力量的局勢，未能把這些點狀的問題徵兆加以連結，因此錯失這些警訊。最後，由於資產負債表上的資金吃緊，他不得不減產、資遣員工，並大幅縮減公司的規模。

留意潛在警訊

相較之下，我可以告訴你史密斯（化名）的故事，他是美國醫療設備公司維他美（化名）裡的一個全球業務部門主管，他負責該部門的全球獲利、市占率及銷售。史密斯向來會到處檢視各種可能會影響部門的局勢發展，即使是看起來很不重要或和生意無關的事，而且他也習慣和其他人充分檢驗自己的看法。

當時爆發一則新聞：中國政府指控全球第三大製藥公司葛蘭素史克（GlaxoSmithKline, GSK）行賄官員且售價偏高。2013年7月的某個晚上，在我發表一場有關全球趨勢的演講後，和史密斯共進晚餐，而他有著滿腹的疑問。

史密斯表示，他已經注意到葛蘭素史克的新聞，並且試著把這件事放入他觀察中國更大變化的脈絡中，特別是中國國家主席習近平宣布把打擊貪腐當成最重要的行動。長期以來，中國都有反貪腐的法令，但是由於司法系統欠缺效率，以致從來未能落實。

史密斯推測，中國政府可能會拿葛蘭素史克或是其他外商公司殺雞儆猴，以顯示執法單位已經準備採取行動。史密斯問我：「你認為這個行動是不是一種警訊？有多少公司可能會被當作目標？也包括我們在內嗎？我已經和公司的風險長與總顧問取得聯繫，我們都非常關切這件事情，因為有董事會和媒體正在關注，即使只是調查行動也會讓我們失去信譽。」

我稱讚史密斯能注意到在產業外部可能來自地理政治的早期警訊，然後提醒他更進一步的思考：「對於貴公司的全球損益來說，這件事有什麼意義？是否會有任何影響？」史密斯針對這個問題思索了好一會兒。他的單位有維他美的第二大獲利產品，也是成長最快的部門，美國與歐洲的營收基本上很平穩，部門的最佳成長前景就在中國。史密斯預期，接下來在中國的三年中每一年營收會成長30%，獲利則會成長20%。事實上，史密斯和他的上司就靠中國了。在過去二十年，他有閃亮的職涯，即使在當時他的前途也是一片光明，但他也知道，如果產生嚴重的赤字，就很難存活了。

「如果中國政府真的發現導致高價的貪汙證據，我認為它會強制整個產業調降價格，而我們的產業會不會是下一個對象？」

「如果真的發生了，你會怎麼做？」我反問道。

沉默了好長一段時間後，史密斯表示：「我們要擬訂彌補損失計畫，我必須讓團隊找出新的營收與獲利來源、重新設定目標，並且在世界上的其他地方重新配置資源。」再次陷入長時間的一段沉默後，他接著有力的說：「我要讓創意提升到高檔！」

在剩下晚餐的時間裡，我們都在談論中國的各種狀況，想像事情可能發展的不同方向與潛在後果。離開餐廳時，史密斯的精神振奮，並且已經準備好迎接挑戰。他擴大眼界，並注意到可能對產業有潛在影響的訊號，同時已經開始思考要如何因應。他能帶著熱切的使命感關注地理政治事件，並持續掃描外部環境，留意改變加速或轉彎的訊號。最重要的是，他把在中國面對的不確定性，不只是當成焦慮的來源，而是一個可能的機會。

攻擊者優勢就是能比別人更早察覺到即將劇烈改變市場的力量，並搶先為下一步的事業定位。本書接下來會提供工具與參考案例，這些是你採取主動出擊、瞄準不確定性的

來源、揭開不確定性的神祕面紗、擬定接下來的行動，同時為組織進行必要的後續調整時所需。不確定性並不是要讓人感到恐懼，而是可以沉浸其中，因為其中蘊藏著機會，一旦整合就能創造全新又極具價值的事業。你愈是能擁抱不確定性並練習因應的技巧，就愈能培養自信，對領導也會更有準備。

第一部觀念提要

✓ 結構性變化發生得更頻繁了，你注意到了嗎？你是否很擔心，或者是否看到其中的機會？你認為察覺不確定性是領導者工作的一部分嗎？你認為創造不確定性是工作的一部分嗎？

✓ 你有沒有停下來思考，營運問題可能是結構性變化的徵兆？

✓ 你有沒有運用史密斯（見第四章）的方法，來廣泛掃描外部環境？你的眼界是否夠高，看到產業之上的地理政治議題與其他總體因素？你是否具備有紀律的例行程序，可以從日常細節中探出頭，讓你有更敏銳的心理觸角，以便更早看出路上的大轉彎？你的團隊是否也正在這麼做？

✓ 你是否曾追蹤運用數學演算與進階電腦能力讓事業轉型的公司，即使它們不是同業？你有沒有想過其中有些企業可能會摧毀你的產業，並且重新建立市場？

✓ 你是否做好心理準備，接受不確定性已經出現並會持續存在的事實？你是否理解即使有些參考因素還不明確，仍必須做出大膽的決定？

✓ 你的公司在心理與組織上是否準備好要把不確定性轉化為突破的機會？這是全新領導力的必要條件。

第二部

洞燭機先

第5章

催化者

結構性變遷的先知

一談到透納（Ted Turner）創辦全國有線電視網，與有史以來第一家二十四小時播放新聞的有線電視新聞網（CNN）時，你多少次聽到有人說：「透納看到了，但是其他人卻沒看到。」或者提到索尼（Sony）雖然在1980年代推出劃時代產品隨身聽，但在數位音樂崛起時，領導高層卻還在酣睡，這時有人就會問：「他們怎麼會錯過呢？」其缺乏知覺敏感度的程度簡直令人震驚。

知覺敏感度是一種人肉雷達，讓你能看透不確定性的迷霧，並且比其他人更早採取行動。透納有知覺敏感度，而索尼高層就沒有。即將成為企業主管的人之中也很少有人實際演練，因為這並不是目前領導力的日常實務或未來發展的一部分。他們現在只是由內往外看；換句話說，就是經由狹窄的孔洞看到符合他們所知的東西。只有非常少數的人在看待自己公司時會由外向內看，或是預測即將發生的事，並且注意可能是改變前兆的訊號。

最早的警訊之一，通常是催化者的出現。催化者擁有異常的知覺敏感度，能夠緊緊抓住一股力量，或是結合多種力量，例如把一項現有的技術與人口統計學的趨勢加以結合。催化者通常也是創意思考者，不會受到尋常的見解所局限。這種人會仔細思考自己的見解，在社交圈中和其他人的想法相互比較，並且在心中來回提出諸多假設，最後為可能的全新機會而感到興奮。最重要的是，他會根據自己的假設而採取行動。催化者都是行動派，承受的風險部分是基於事實，部分則是基於他們的想像，想像各種力量結合時各種可能會發生的狀況。後來有人把各種力量的聚合稱為匯流（convergence）。事實上，催化者通常是創造這股匯流的人。

再提醒一次：敏銳的知覺敏感度是必備的領導能力，也就是要注意或察覺到事件、趨勢及異常的開端（不管訊號有多麼微弱，舉凡任何與你已知事物相比是新的東西皆是），是領導實務的一種技巧。

透納找出嶄新且特殊事物的能力，其實在他的職涯初期就十分明顯。他的第一個洞見是，想像衛星傳輸與當時剛出現的有線網路兩者結合之好處，這兩種技術在當時甚至都還沒有完全成熟。透納在接掌父親的看板廣告公司後，很快就在1970年藉由買下亞特蘭大一家小型UHF電台，進軍電視事業。他構想的計畫是，藉由發射訊號到衛星，然後傳到遍及全國的衛星信號接收碟，再用電纜把接收到的信號傳送給用戶，目標是把他的小型地方電台轉型成為全國電台。在他打造遍及全國的電網設備前，他遭遇負責核發不同執照給各地區的美國聯邦通訊委員會（Federal Communications

Commission, FCC）阻礙，他並未乖乖就範，因為他強力主張自己的計畫能提供消費者更多的選擇，從而對美國國會施壓，希望美國國會能介入調停。聯邦通訊委員會後來同意透納所申請的全國執照，他的地方電台在一夕之間就變成超級電台。透納還找到很聰明的方法來填滿時段，例如播放電影與電視節目等，而這已經是現在很常見的做法；他甚至買下美國職棒大聯盟亞特蘭大勇士隊，為的就是確保電視台能播報職棒賽事。

1970年代，透納全神貫注地思考主要電視網的新聞報導時段。他的問題包括為什麼消費者必須在特定的時間（一般來說是下午六點）才能看到新聞？為什麼不能在任何時間都看到，不管白天或晚上？結果他推出CNN，因為率先播放二十四小時的新聞，而在傳播業占有重要地位。

透納不假思索就行動的風格十分出名，但其實他最大膽的行動都是基於他的知覺敏感度。國家廣播公司（NBC）的前總裁萊特（Robert Wright）這麼形容透納：「他在很多人看到之前就看見非常明顯的事物。我們都看到一樣的景象，但是透納卻能看見你沒看到的。而在他看見之後，那件事對每個人來說就變得顯而易見[3]。」更重要的是，他會根據自己的看法行動，因此成為改變的催化者。

我把催化者注意到的事件或新技術稱為「種子」（seed）。這些種子可能有很長一段時間都不活躍，直到催化者看見它們並加以耕耘，而後才開花。例如，一項專利可能是一顆種子，但光是擁有很多專利並沒有任何影響力，必須有催化者看出可以運用某種創新的方式來應用這項專利，並在市場裡觸及甜蜜點（sweet spot）（譯注：原為高爾夫球術語，意指球桿的最佳擊球位置）。接著，市場板塊就會位移，也就是結構性改變一旦產生實質的重要性，就會重新定義獲利的方式，許多商業模式隨之垮台，很多公司也因此重新洗牌或消失不見。

雖然對全世界的透納們來說，知覺敏感度是一種天生的才華，但你還是可以培養這種能力。你可以藉由觀察這些催化者，並採用例行且紀律的實務做法，持續預測即將發生的事、尋找新想法、事件、技術或趨勢，也就是有想像力的人會結合的事物，來滿足仍未被滿足的需求，甚至是創造出全新的需求。這也會強化你的能力，在別人之前就先看見發展中的趨勢。磨練你的知覺敏感度，你將能辨識出催化者，並預見他如果得到力量後會造成的未來局面。這個人能不能找出方法克服其他人認為不可能排除的障礙？就是這種創造性的突破，可以改變或摧毀一個或甚至多個產業，或開創出全新的產業。觀察透納早期行動的人可能推論申請執照的過程會拖上好幾年，但是聰明的人可能會思考，聯邦通訊委員會的政策或許會有所改變。知覺敏感度可以讓你觀察到未來變化的訊號，所以如果你看到某個催化者持續有所進展，就可以捫心自問：我能不能搭上這股浪潮而成為攻擊者，把它變成公司的優勢？

催化者比發現者更重要

一個早年的個人經驗讓我體認到，要把一個發現變成商業成就，催化者其實比實際發現的人更重要。在我印度家鄉的鎮上，有位非常富有並備受敬重的醫生，我家是低收入戶，因此和他家沒什麼互動。在我離家上大學前，他來我家探望我的父親，因為他聽說我是鎮上第一個就讀貝拿拉斯大學（Banaras University）理工學院的人，而這所大學素有印度麻省理工學院之稱。他的兩個女兒也會就讀同一個校區的女子學院，所以他想讓我和她們見面。一年後，他介紹我認識即將成為他女婿的阿塔爾（Bishnu Atal），這是一樁由父母安排的婚姻，而我竟意外受邀參加他們的婚禮。

1960年代初期，這對夫妻搬到紐澤西州，阿塔爾成為科學家，在貝爾實驗室工作。兩年後，我也到了美國，這位醫生建議我去拜訪他的女兒和女婿。我當時才知道阿塔爾正在研究語音辨識技術。他日以繼夜的工作，在這個強大的工具上有所突破，因此得到很多獎項與國際上的肯定。只不過，阿塔爾雖然在科技行家中享有盛名，他的發明卻未引起商業圈的注意。

長達十年之後，德州儀器的商業領導者與工程師布列德洛夫（Paul Breedlove）注意到這項技術，而後投入2.5萬美元的初期預算，並邀請阿塔爾博士擔任顧問，製作出一個名為「說話與拼字」（Speak and Spell）的兒童學習玩具，結果非常成功。

布列德洛夫擁有知覺敏感度，注意到別人尚未留意的某種技術潛力，他就是一位催化者，不僅能把技術轉換成商品，也為更多的應用開路。當然，此後語音辨識技術就無所不在了，其他人也繼續發展這項技術，並且與其他的技術加以結合，有一家公司甚至可以透過聲音辨識消費者的心情，因而提出相對應的客製化服務。

知覺敏感度最好的測試是，在訊號還很微弱，可能是間歇出現或似乎毫無關聯時，就注意到催化者與種子。舉例來說，缺乏知覺敏感度的零售業者可能會低估蘋果在2014

年年初聘用阿倫德（Angela Ahrendts）擔任零售與線上商店資深副總裁的重要性。有人可能會問：是怎麼樣的失心瘋，才會聘請在精品品牌Burberry做得非常成功的執行長，去經營蘋果的一個部門，甚至這個部門還不是蘋果最大營收來源的部門？但是知覺敏銳的人可能立刻會問：為什麼這麼有創意和成就的高階主管會放棄執行長一職，而接任位階較低的工作？她或許是一個即將翻轉門市概念的催化者？她可能的企圖是什麼？一個假設也許是，她可能會把門市轉變成時尚與精品的聖地，而不僅僅是硬體和軟體的門市。身處在時尚界的人，也就是阿倫德之前從事的產業，應該要把觸角磨利，密切觀察她的行動，看看前方可能會有的變化。他們應該特別關注她錄用的是設計師、零售或技術背景的人員，因為這些決定都是未來軌道的訊號。他們應該也要察覺到，她非常精通全新的商業數學，也就是演算法的應用，她曾率先和全球軟體巨人思愛普（SAP）合作設計軟體，並創造出虛擬更衣室，讓消費者可以在行動裝置上看到自己穿上新衣的模樣。他們真的應該在心智資料庫中增加一筆資料：蘋果在2014年9月舉辦智慧手錶Apple Watch的發表會時，也曾邀請時尚記者蒞臨現場。

催化者雖然與時俱進，但是在早期就會顯露本色，而且他們通常會複製自己的經驗，所以很值得努力尋找那些正浮出檯面或是有過去紀錄的人，他們可能是愛挑毛病、愛找碴的人，或是在一群「專家」之間引發爭議的大學生、做出技術性突破的研究人員，或是迅速成功的年輕創業家。一旦你確認某個潛在的催化者，你可以試著和他互動或追蹤他的活動，並且建立幾個假設：他下一步要做什麼、他正在整合哪一個區塊、他可能在尋找哪一塊失落的部分。你要謹記，催化者對自己的願景具有不可動搖的信念。這些資訊片段就會成為早期的警訊。藉由看出催化者驅動的重大變革，你就能對這件事的規模與時機形成自己的想法。

接下來要討論五個催化者案例：

- 改變汽車市場兩次的人
- 網際網路的先驅
- 數位時代的創投家
- 工業考古學家
- 改革鬥士

改變汽車市場兩次的人

催化者在引爆任何事物前，必須置身於對的環境。1960年代，史波立（Hal Sperlich）在福特汽車擔任產品設計師，也是福特野馬（Mustang）的首席設計師，這個車款是他在艾科卡（Lee Iaccoca）支持下開發的，艾科卡是當時福特汽車部門的總經理。野馬「第一年就賣出四十一萬八千輛的銷售紀錄，因為它結合消費者意想不到的兩大特點：令人興奮又負擔得起的精巧小車，因此在美國市場上引起共鳴，算是汽車業的一次全壘打[4]」，福特野馬由此開創出一個全新的市場區隔。

史波立平時醉心於發現人口統計學中社會變遷的異常之處，他審慎分析美國正在形成的生活風格，在推出野馬車款不久後，他斷定美國家庭需要一種介於房車與貨車之間的車輛，要相對小巧但空間也要夠大，讓人可以接送小孩並放置各種雜物。雖然他在野馬的設計立下大功，但是福特汽車高層卻很粗暴的請他走路。當時福特汽車的董事長暨執行長福特二世對前衛又未經證實的概念毫無興趣，尤其是有前輪驅動平台的車輛，福特汽車一點也不想投資與開發，因此他要艾科卡開除史波立。當時現金流與市占率均逐步下滑的克萊斯勒錄用了史波立。不久後，艾科卡也被解聘了，他追隨好友的腳步，並成為克萊斯勒的執行長。艾科卡採納迷你廂型車的想法，接著又創造出一個龐大的全新汽車市場，其他的車廠只能跟風。

網際網路的先驅

網際網路一開始只是在政府與學術圈之間應用，一連串的催化者為它帶來更廣泛的用途。第一個催化者是伯納李（Tim Berners-Lee），當時他在歐洲粒子物理中心（European Particle Physics Institute）工作，全球資訊網（World Wide Web）就是由他開發的。接著是當時還在伊利諾大學就讀的安德森（Mark Andreessen），開發大受歡迎的瀏覽器，讓一般人更容易瀏覽網路上的大量資料，因此為普羅大眾打開使用網路的管道。他還和人共同創辦網景（Netscape），把這個瀏覽器商業化。我們都知道，從此以後就有愈來愈多的人發現，沒有網路的生活簡直無法想像。

微軟的比爾·蓋茲是一開始未能看出安德森是催化者的人之一，當蓋茲終於發現網景對他的個人電腦軟體事業造成威脅時，很快就推出自己的瀏覽器IE（Internet

Explorer）。蓋茲不只是要銷售一個能與網景抗衡的瀏覽器，他藉由把IE免費內建在Windows軟體中，直接吃下網景的市場。接下來在美國和歐洲的反托拉斯訴訟與罰款，都無法阻擋IE瀏覽器的發展。

數位時代的創投家

由於網路、數學演算法及免費的雲端基礎建設已經無所不在，如今在矽谷、邦加羅爾到新加坡與以色列的大學中，很多年輕人都可以自由取用驚人的資訊和連結。可以肯定的是，在全球各地出現的科技聚落將會催生出創造全新突破的新一代催化者，很多矽谷的公司也把發掘催化者當成公司的正規實務工作。

安德森透過創立的安德立森霍洛維茲創投基金（Andreessen Horowitz），與很多名列《財星》五十大卓越企業的公司往來密切。他是數位時代的創投家催化者，和個人電腦時代卓越的創投家不同，他善於應用演算法和精密軟體，並且主要是利用雲端來進行。他常常得知很多來自「小夥子」的想法，這些人是尋求推出商業想法的年輕數位原生世代（digital natives）。處在新觀念中心的安德森可以看出哪些構想真的夠新穎、是潛在的突破技術，並為這些新創公司媒合大量的夥伴與買家。

你可以把安德森稱為連續催化家，他和他的公司把這些帶著新鮮想法的年輕新創團隊，與他個人的大公司執行長人脈圈加以連結，這些人包括谷歌的佩吉、臉書的祖克柏，還有惠普的惠特曼（Meg Whitman），這些人手上都有必要的資金，能資助可能有能力改變道路方向的人，並讓公司迅速壯大。

工業考古學家

催化者甚至可以讓一項「已死的」技術恢復生機，也就是當某一項技術似乎已經無法產生任何新鮮又吸引人的用途時，他能在新的需求、市場或消費者體驗上找到新用途，而這就是賈伯斯對「大猩猩玻璃」（Gorrila Glass）的應用。

我在iPhone推出後出席一場晚宴時了解到，只要追蹤賈伯斯的興趣，就能嗅到下一個能顛覆產業的創新趨勢。

出席晚宴的賓客中有幾位執行長，包括康寧的執行長暨董事長魏文德（Wendell Weeks）在內。大家都對iPhone所引發的現象非常著迷。魏文德告訴我們，賈伯斯有一天打電話給他，表示想去拜訪紐約州北邊的康寧總部。賈伯斯一直在尋覓讓產品更精良的方法，因此想為iPhone的螢幕找到更堅硬、更輕薄的玻璃。賈伯斯得知，數十年前康寧的確曾生產一種極堅硬、不怕刮傷的玻璃，這種玻璃擁有他想要的特性，但是生產這種玻璃的廠房在很多年前就關閉了。賈伯斯說的這種玻璃正是「大猩猩玻璃」，是康寧在三十年前開發的玻璃生產技術，原本早已被公司打入冷宮。賈伯斯說服魏文德重新開廠並使用這種玻璃，還保證未來在康寧非凡的研發能力下開發的任何玻璃都會優先列入考慮。

大猩猩玻璃用途快速增加的速度令人印象深刻，這也是可能會改變很多策略與商業模式的一個清楚的早期警訊。我們可以繼續觀察，這種玻璃可能會廣泛應用在其他產業，然後可能會因為更進一步的發展與高度精密的軟體，而開發出其他出色的通訊產品。或許是一種透明的冰箱，能把寫在冰箱上的訊息直接傳遞給商品供應商，而供應商就能再把貨補滿？又或許是一種能偵測到手部動作的巨型螢幕，而且不必碰觸也可以在上面寫字，讓身處世界各地的人能一起以虛擬方式共同合作？我其實已經在微軟前瞻技術展示中心（Envision Center）看到他們使用這種螢幕。藉由以這種玻璃做為重要零件的智慧設備，人們可以看到彼此、交換資料與影像，並跨界同步設計產品。

改革鬥士

催化者也可能是找碴者，就像已經強力批判美國商業與政治長達五十年的納德（Ralph Nader），他不只改變全世界的汽車業，也改變了很多事。納德在《任何速度都不安全》（*Unsafe at Any Speed*）一書中，率先指出汽車製造業未能考慮產品的安全性。接下來的風暴迫使當時身為全世界最大汽車製造商的通用汽車屈服，並且改變消費者與政府主管機關對產品安全的預期標準。現在，全世界的汽車製造商都必須提供安全性，結果納德的批判在全新的市場中創造出數十億美元的商機。這個市場在安全設備成為常規下，還在持續演變並快速成長。

舉例來說，TRW由於成為福特汽車安全氣囊與其他安全設備的第一供應商，以及通用汽車的主要供應商，而帶來大幅的營收、成長和獲利。TRW的長壽執行長，也是備受敬重的工程師梅特勒（Ruben Mettler），就看到這個機會。TRW的安全防護部門一向因為技術創新而備受肯定，梅特勒也意識到公司有些技術可以應用在乘客安全系統。這家公司進行必要的投資，並成為全球的領導業者。富豪（Volvo）汽車一向被顧客評價為車輛堅固安全，且重新定位成為獨特的品牌，就是因為該公司對安全性的關注，讓自己能與其他業者有所區隔，得以占有更大的市場。安全顧慮也為杜邦帶來很大的商機。為了灌輸企業注重安全的文化，杜邦開發出一套方法，並設立一個重要的部門，協助全世界企業改善日常的實務作業。

當安全成為大眾關心的議題，其他催化者也會把應用面擴大到更多的產業與營運的廠房。現在，安全規範也出現在不斷增加的商品項目上及任何人群聚集的地方。開發商在選擇建設公司時，安全也成為最重要的標準。位在達拉斯的奧斯汀工業（Austin Industries）是一家建造大樓與機場的地區性領導業者，當我在該公司的董事會服務時，我們決議把安全當成一般標準作業，而奧斯汀工業的安全紀錄也成為競標時的競爭優勢。

結構不確定性有兩個面向，《任何速度都不安全》是近乎完美的案例，汽車大廠把它當成威脅，而其他的業者卻看到機會並主動出擊。整體來說，該書籍的大量訊息也完全融入社會大眾的心中。

誰知道下一個納德會是誰呢？也許是從億萬富翁

變身成為眾所皆知注重健康的紐約市長彭博（Michael Bloomberg）。此外，彭博還試圖禁止銷售大杯含糖飲料（但卻被法院駁回），並且要求連鎖餐廳在菜單上標示熱量，結果其他的城市也跟著響應，並成為2010年平價醫療法案（Affordable Care Act）的一部分。不過，我們也不要只以美國為中心，墨西哥政府對含糖碳酸飲料課徵重稅，也是經由很多催化者的努力。

你是否應該捫心自問：這些催化者會不會改變公司的前景，或是為公司提供新的機會？

不管你的工作內容或位階，藉由觀察在你所在產業內外的催化者就能培養知覺敏感度。在事件發生後比對現實，並思考哪裡看對、哪裡看錯及其原因後，就能提高判斷力。具備高敏感度，就能更早看見催化者，並且開始用他們看待世界的眼光看事情：到處充滿機會與可能性。下一章會幫助你及早看見不同的全新事物。

第6章

見催化者之所見

培養出知覺敏感度後，就更容易理解有趣的新想法、事件、技術發展及趨勢。你還能拓展能力，從多種角度觀察，並且分辨其中的重要性，同時推測如果吸引其他人加入後，這件事的發展態勢。你不只能從多元的觀點中獲益，也能培養團隊盡早看出變化的能力，並做出下一個讓道路大轉彎的產品。

要訓練自己站在公司與公司所處的環境之外看待事情，特別是異常、矛盾及奇特的事物，也就是那些違背或挑戰熟悉模式，同時與你已知或深信之事不同的東西，尋求更大的意義。舉例來說，如果你身處於醫療設備產業，該產業包括奇異、西門子、飛利浦，以及富士軟片的SonoSite部門。你一定會發現，行動電話與如智慧手錶等裝置的擴大應用應該會成為該產業下一次大轉彎的因素，因為它能提供其他方式來衡量病患的身體狀況，包括X光、電腦斷層掃描及核磁共振造影。透過規律的資料傳輸，醫療保健業者就可以追蹤病患的健康變化，尤其是針對知覺退化的病患。現在，蘋果和谷歌正在招募醫生與其他專業醫護人員，特別是對疾病診斷具有專業知識的人，他們可能會是促成某些醫療產業變化的催化者嗎？

沃西基（Anne Wojcicki）在2007年與人共同創辦

23andMe這家生技公司時，背後的基本想法是：以較低的成本提供消費者有關自己的基因組成資訊。同時，為了改善醫療保健產業的水準，23andMe會蒐集願意分享的消費者基因資訊，讓製藥公司與醫療研究單位得以使用這個資料庫。這個前谷歌員工的熱門構想，直到美國食品藥物管理局禁止該公司直接對大眾進行銷售才終止，因為該單位並不相信23andMe測試結果的正確性，又擔心缺乏專業知識的消費者在解讀結果後會尋求昂貴卻不需要的檢驗，以及可能有害或不必要的醫療措施。23andMe與其他基因測試公司邁入終結了嗎？答案取決於：有多少消費者想主導自己的健康與醫療資訊，而這股趨勢有多快，以及科學進展是否能讓測試更可靠。平價醫療法案正加速把權力轉移到消費者身上，而23andMe也和美國食品藥物管理局持續合作，沃西基或其他催化者很可能找出克服障礙的方法。歷史顯示，如果某一項技術有效，而且市場有需求，官方最後都會撤消限制。

有些人把催化者的衝擊看得太狹隘，因而未能看到更廣泛、更持久的影響力。在Napster剛出現時，我曾出席施格蘭（Seagrams）的董事會議，當時施格蘭還擁有環球音樂（Universal Music）這家全世界最大的音樂公司。談到Napster時，在場有些人顯得非常緊張，深怕Napster的成功會成為吹垮環球音樂的旋風。有些董事會成員顯然想要不惜成本，藉由法律途徑關閉Napster，然後法律專家也提出幾個展開猛烈攻擊的方法。討論即將結束時，有一位董事閉口不語，環顧整間會議室，接著低聲說道：「沒有法律能阻止社會的變遷。」

觀察應該觀察的

你無疑會從很多來源得到資訊，包括從印刷品與影音媒體，到經由臉書、推特及領英（LinkedIn）的互動。所聽和所聞會刺激新的想法，已經蒐集的資訊也會重新組合。在所有騷動之外必須保持警覺心，注意哪些是新的，以及哪些是異常、矛盾或奇特的事物。通常在三十秒內，你就能把所學具體化，並且在同樣短暫的時間內把它放在心裡思考，而後誠實面對這件事是否具有重要性。這是某人可以應用的種子嗎？如果它形成氣候，會不會對你造成很大的影響，或是成為競爭對手？它是不是一種早期警訊，預示正在發生的變化？然後，你再回頭檢視自己的判斷有多正確。這是非常有力的方法，我已經看到很多成功的領導者採用。

你可能有幾天或幾週都無法察覺任何事物，但是這樣的練習將能磨練你的知覺敏感度。一旦你注意到某件事就找朋友討論：他看到的和你一樣嗎？貝萊德（BlackRock）執行長芬克（Larry Fink）是全球最有影響力的金融機構領導者之一，公司內部擁有超過一千二百名投資專家。他告訴我，雖然他手上擁有非常詳細的資訊，但是他在每天睡前都會從不同管道觀看全球新聞，藉此發現並未預期的事，或是確認他認為會發生事件的進展。他與領導團隊有些工作中，不只是和企業界，也會與美國聯邦準備理事會的主席、財政部長及全球各地的央行官員交換意見，因此他應用高度千錘百鍊的心智能力，見別人所未見，比大部分的人率先看見改變的訊號，因而得以形塑世界。

芬克可能會花費二十分鐘瀏覽iPad上的新聞，但由於已經是每日例行工作，因此不用十秒就能察覺奇特或矛盾的事，接著或許會再花費二十秒看出其中可能的意義。當晚他就會發送郵件，或是隔天早上找人對談，以便比較別人的看法。如果這家龐大資產管理公司日理萬機的執行長做得到，你也能做到。每天只要花費一點點時間，就能訓練你形塑並決定所負責的部門、事業或公司的命運。

以下是一些值得留意的異常事物。

加速中的趨勢

趨勢本身可能是被動的，但是其中的改變可能非常重要。2013年12月3日，《今日美國》（*USA Today*）報導：「從感恩節到網購星期一（Cyber Monday）（譯注：指感恩節後開始上班的第一個星期一），線上銷售比2012年同期攀升16.5%，行動裝置占了17%以上的網購星期一銷售金額，比去年增加55%。」這些數字高出專家預期，同時實體零售的銷售卻不動如山。《今日美國》的母公司甘納特報系集團（Gannett）執行長馬托瑞（Gracia Martore）當時表示：她把這些數字視為臨界引爆點（tipping point）。

另一個加速中的趨勢例子是印度與中國。2014年5月，在莫迪（Narendra Modi）當選印度新總理後，中國政府立刻採取行動，加強雙邊貿易關係，緊接著就有一位政府高層官員到訪，然後安排中國國家主席與總理在短期內進行後續訪問。與中印貿易相關的所有公司都必須把這些高層訪問視為潛在的種子，要想像其中的可能性，並且觀察所有的行動，例如來自中國的外國直接投資，或是降低兩國之間的貿易關稅，都有可能會帶來新的商機，並加速兩國的經濟合作關係。

2014年8月下旬，莫迪的日本之行，以及他和日本首相安倍晉三的關係，讓很多人大感意外，或許也包括中國政府在內。他帶回日本政府與私人企業350億美元的承諾，可望在未來五年投資印度如基礎設備和製造業等產業。此外，莫迪也宣稱，將會有一個特別小組直接對他的辦公室報告，小組成員還包括兩位日本公民。對印度來說，這種國家對國家的投資協定還是第一次，而印度外交政策受到經濟政策大幅影響也是頭一遭。初步的成功可能將促使其他如台灣、新加坡及南韓等國家也陸續投資印度。

不尋常的事件

這類事件不一定和商業相關，也可能是政治或社會的事件。2012年5月，能源公司康菲（ConocoPhillips）某位董事與我討論一個他考慮許久的問題：是否要進軍印度？他認為印度有極大的機會，但卻很擔心當時的總理辛恩（Manmohan Singh）所籌組的政府，因為辛恩似乎非常優柔寡斷，政府也呈現癱瘓狀態。我建議他觀察2012年7月19日會發生的事件。他對這個明確的日期感到非常困惑，後來我才向他解釋，因為印度要在那天選出新總理。當時結果當然還很不明朗，但是有人猜測穆克吉（Parnab Mukherjee）

可能會當選。如果真是如此，穆克吉可能會放棄財政部長一職（他的確在2012年6月下旬辭去該職務），而接任者就會讓情勢出現變化。

確實，後來這個職務由齊丹巴蘭（Palaniappan Chidambaram）出任，對印度觀察家來說意義重大。齊丹巴蘭以前曾兩次擔任這個職務，並以非常能幹與支持改革出名。接著，他指派拉詹（Raghuran Rajan）擔任印度儲備銀行（類似美國聯邦準備理事會）總裁。拉詹是芝加哥大學頗負盛名且極具影響力的經濟學家，之前曾擔任國際貨幣基金（International Monetary Fund）的首席經濟學家與研究部門主管，對於如此重要的職務，拉詹的確是非常可靠的人選。

這件事表明：一個高度有能力並具有改革心態的官員可能會是決策背後的主導者，包括對外國直接投資提出更清楚的規範。這是印度獨立以來，財政部長與儲備銀行總裁這兩個對印度經濟最重要的職務，第一次由合作良好又關係密切的兩人出任，和先前在位者之間的鬥爭形成強烈對比。

2012年10月，齊丹巴蘭帶我一起共進晚餐（他搭乘一輛無法形容的汽車抵達餐廳）。在四小時的討論中，他告訴我如何推動跨部門協調工作，打開決策癱瘓的僵局。到了12月，幾個重要的產業界朋友告訴我，申請很多年的執照終於通過了。在莫迪選上總理前和齊丹巴蘭短暫出任的期間，外國直接投資再次湧入，因此我的客戶也變得審慎樂觀。這是找出種子與催化者時，另一個知覺敏感度很重要的例子。

潛在的擴展性

有些還在大學的小夥子推出的裝置，可能會當場讓你最熱賣的產品落伍。誰可以讓它擴大規模？時機是在什麼時候？你最好在心裡設想兩到三種情境。如果你對早期警訊與可能的催化者隨時保持警覺，應該就能很快描繪出這些情境，還有它們將會帶來的後果、機會及突破，並且能思考其中的意義與受到影響的人。一定要考慮速度的可能性，蘋果的iPhone擴展速度就比諾基亞的猜測快上許多。

2014年年中，亞馬遜請求美國聯邦航空總署（Federal Aviation Administration, FAA）批准，讓無人飛機在該公司私有房地產領域裡試飛，做為研究。亞馬遜的執行長貝佐斯一向執著於快速交貨給顧客，這是他最新的嘗試。從這件事不僅可以看到貝佐斯對無人飛機的興趣，還有他對於利用新科技造福顧客那種永不滿足的好奇心，更具體來說，是他對快速交貨重要性的堅定信念。

對亞馬遜現在或未來可能的競爭對手而言，這有什麼意義？快速交貨意謂較快的出貨速度與較高的存貨週轉率。具有想像力的領導者會想知道，亞馬遜的研究單位多快能開發出美國聯邦航空總署准許的交貨系統。貝佐斯可能也會想要關注印度，因為印度並未禁止使用無人飛機，而印度的運輸系統又非常落後。在某些國家中，亞馬遜的無人飛機能否快速略過實體的配銷基礎建設而掌握市場，就如同行動電話跳過固定線路的通訊系統而主導市場一樣？已經有傳聞指出，亞馬遜在孟買和邦加羅爾測試市場[5]。

貝佐斯的計畫是基於他相信在未來五年到十年，消費者對選擇、低價及快速交貨的渴求是不會改變的[6]。即使沒有無人飛機，亞馬遜也開始在美國的某些城市做到一天或一小時內交貨。如果這種更快交貨的服務可以擴大規模，就能在包裝食品業，尤其是發展快速的健康食品業，帶來新商機。如此一來，就能在新市場中產生新的商業模式：快速運送不含防腐劑的產品。對於有健康意識的生產者來說，這就是一個清楚的訊號，食品將被快速運送，而且對於改變太慢或根本不改變的業者來說，無疑會是一大威脅。有些重視「有效期限」概念的市場也將會消失，因為亞馬遜已經不需要零售商店的貨架。對食品公司與包裝業者來說，這會是改變遊戲規則的大事。

大部分的預測都是來自歷史資料的推斷，並且藉由分析技術來辨識模式，以預測未來的行為。這些資料也許有用，但是卻不太有效率。不妨試試下一章提及能讓你對新穎而特殊的事物保持關注的方法，還可以協助你想像各種組合與後果。

很多結構性變化的種子第一次出現時，就造成公司銷售部門或其他第一線工作者的挑戰。更常見的情形是，領導者會看到幾季的銷售下滑，並推論若不是同仁做得不好，就是競爭對手現在把某件事做得更好，而忽略在自己產業或生態系統裡結構性變化的典型訊號，只留下接班人在混亂中奮鬥。舉例來說，在撰寫本書期間，IBM已經連續三季營收下滑，高層認為是營運上的問題，也就是銷售部門沒做好而造成業績下跌。但是，追蹤這家公司的分析師卻有不同的假設：IBM正在錯失一次大轉彎的機會。市場已經轉變了，消費者已經不想再為一個有固定價格的授權產品，而預先給付大筆金額；他們喜歡不必支付固定投入金額，而是會根據使用情形才付費的產品。這個結構性變化在好幾年前早已開始，也對IBM目前的營運造成很大的影響。在以曲速前進的產業裡，只針對這些狀況做出回應並不夠。IBM擁有超高水準的技術人才、有深耕多年的顧客群，也是一部創新機器。但是，公司的領導階層似乎並未察覺到路上的大轉彎，至少有些投資人與分析師認為如此。撰寫本書期間，已經有人請IBM重新思考策略、資源配置，並專注研究這次產業大轉向的情勢，同時以可靠度平息懷疑論者的質疑〔第九章會討論奧多比系統（Adobe Systems）看到市場的轉移，並成功克服類似的挑戰〕。

以孟山都為例

有很多方法可以練習整理、過濾，並從變化中的廣大外在環境選擇重要事物的技巧。以孟山都（Monsanto）為例，該公司就把策略固定在全球需求變化的總體觀點。根據外在環境的變化，經營團隊與挑選出來的幾個高階主管，可能每四到五週就會透過重新檢視公司發展方向的會議而保持步調一致。這類高層策略會議一年會召開十次或十一次，而且在公司外部舉行，這樣大家就不會因為日常工作而分心。他們會討論正在變化的事，不只是市場的競爭，還會討論食品生產價值鏈的所有環節，從肥料與耕作到飲食習慣，以及全球的地理政治氣氛。會議的目的是要讓大家對新趨勢變得敏銳，以產生新想法，更重要的是調整公司的路線。

這些會議與觀察引導孟山都決定進軍精準農業（precision agriculture）。孟山都領導團隊看到一個獨特的機會，藉著利用公司深入研究種子的相關資料庫，並結合愈來愈精準的設備和其他資訊，可以幫助農夫做出更多有情資根據的作業決策。因此，該公司斥資超過10億美元進行幾項併購，在2014年結束前，就把精準種植設備、大數據分析法軟體，以及氣候公司（Climate Corporation）的模型與其他相關功能，放在一起成為單一產品平台。到了同年年底，孟山都的精準農業平台已經開始運作。在美國，每三畝的玉米與黃豆田，農夫就能得到可行的建議。此平台還計畫提供更優質的服務，而且在未來幾年內，這套平台也會擴展到快速成長的農業市場，如南美洲與東歐等。

無論在何處，當你注意到異常、矛盾及奇特事物時，就必須想像如果你看到的是某個威力強大變化的訊號，新的產業風貌將會有什麼變化；最重要的是，想像你可能用什麼方式來利用這股變動的力量。同時，要讓別人一起參與你對未來的評估，從多種角度觀看就會擴展你看見新風貌與判斷重要性的能力，並預測自己可以如何善加利用。你不只會從多元觀點中得利，也能培養團隊更快看見改變的能力，並且成為創造下一個大轉彎的主導者。

這項技巧是可以培養的，下一章會繼續探討培養知覺敏感度的更多方法。

第7章

培養知覺敏感度

日常工作的壓力與完全埋首於戰術細節，可能會窄化思考的能力，並降低思考的高度。「但是我又能怎麼辦？」你可能會這麼問：「一天就這麼多小時，如果我不注意此時此刻的營運與數字，我的飯碗就會有危險了！」我的回答是：練習知覺敏感度現在就是你工作的一部分，而且這會提升你身為領導者的價值。事實上，要培養這種能力必須在日常生活中專注而有紀律的觀察並傾聽特殊事物，而不是特意撥出時間。為了培養你自己與組織的知覺敏感度，以下是一系列可選擇的方法。

十分鐘練習

改變不會等到你做年度計畫時才發生，所以經常試著辨識種子與催化者是很重要的。有些公司會在每週的員工會議時，為了這個目的而安排十分鐘的時間，讓員工可以打開眼界。對公司來說，也就是同時開啟多組雷達。結構性變化在第一次出現時通常會被誤認為是營運問題，因此動員公司很多層級的同仁一起協助偵測變化是很好的想法。

你可以在每個召開一小時以上的員工會議中，用前十分鐘來學習或討論外部環境的異常事物。在每次會議中，請不同的員工對團隊進行簡報，其他產業裡某項在過去、現在或未來可能出現的結構不確定性，或是可能造成大轉彎的事物為何？為什麼會出現，或是為什麼可能會出現？被要求做這件事的人應該根據自己使用Google或其他來源做研究，而不是依照顧問或其他同事的觀點。接著團隊就會討論誰在利用這個大轉向或不確定性、誰在發動攻擊，以及誰會陷入死胡同。這個練習可以拓展整個團隊的視野，並讓大家的觸角變得敏銳。

員工會議通常是一週召開一次，因此同仁得以每週練習在可能不熟悉的領域中尋找劇烈變化的種子，拓展每個人的視野，並協助他們更具洞察力。最重要的是，它會轉變大家面對變革的態度，並允許大家在自己的工作上提出改變的建議。在個人成長與潛能擴展上，這是最有效的手段之一，而且如果不同層級的主管都能在自己的單位上引導同仁如此開會，這樣的練習就會更有效果，得以幫助整個公司更聚焦在外部環境，比較不會抗拒改變。

黑石集團（Blackstone Group）的執行長施瓦茲曼（Steve Schwarzman）在週一早會中也運用類似的方法。黑石集團是世界最大的私募股權公司之一，在很多產業中擁有許多公司，截至2014年6月底，所管理的資產超過2,790億美元。出席黑石集團員工會議的人每天都會接觸政府最高層級的官員、投資人、全球各國不同產業的領導者，以及關於未來即將出現新事物的消息來源。他們都是資訊的橋梁。施瓦茲曼會詢問所有與會者：有什麼新鮮事、他們看到什麼，以及哪些人是催化者。不到一週的時間落差，所有人就會對世界正在發生的事得到廣泛的知識，協助他們仔細思索可以做什麼事來改變所負責的事業，並且主動出擊。他們可以看見別人可能無法觀察到的結構不確定性，尤其是和天生就不穩定的全球金融系統有關的人，能搶先在別人之前就提醒他們現在正在發生的事。

尋找矛盾的觀點

和別人談談你的看法，尤其是那些你預期可能會與你抱持相反意見的人，以便測試你的想法。有一次我和幾個朋友共進午餐時，我提及一直在思考中國的商業氣氛。在一次價格壟斷的調查後，中國政府對六家嬰兒配方奶粉業者課以罰金。我想起中國早在五年前就已經通過反壟斷法，以保護消費者與小型業者，其中的三個重點之一就是防範市場為少數業者主宰而生的弊端。另外，長久以來，中國國家發展與改革委員會都並未干涉，最近卻也開始增派人手。我感到很好奇並喃喃自語道：對於在中國做生意或進行併購業務的外國公司來說，這些動作代表什麼涵義？然後我們全部都開始想像未來。

其中有一個人馬上表示：「這顯示中國政府會變得嚴厲，可能會盯緊高獲利的公司。我可能不想到中國做生意了，因為會對我的股東不利。」另一個人認為，如果是考慮要進行一件併購案，雇用在中國關係良好的人，並且試著在加強審查前完成，可能是明智的做法。但是，另一個人卻提出相反的意見：「這不是顯示藉由防堵貪汙與壟斷的行為，中國政府正在試著做正確的事嗎？你們不認為中國正在為可預測性與經濟成長奠定基礎嗎？在缺乏有效的司法制度下，為了讓中國社會變得更好，中國國家主席習近平也許正在模仿美國？這樣不是很正面嗎？」我們看的是同樣的國家、同樣的事實，但是我們全部都用不同的角度觀看，這次的討論擴大了我們的觀點。

追蹤全球正在發展的政治事件，或是在其他產業出現的商業模式，似乎超出中階主管的工作範圍，但是再想一想：會造成一家公司或一個產業過時的變革種子，一開始通常會攻擊一種產品或市場區隔。所以，中階主管也應該磨練技能，以培養對正在改變的外部環境的洞察力，就像那些身居「高位」的人。而且，很多中階主管因為更接近顧客現場，從而得以用顧客的眼光觀看世界，這是一大優勢。中階主管和供應商有密切聯繫，很多人也與其他產業有社交網絡，這些都是發現新想法的極佳消息來源。這個技巧也能幫助中階主管為了爭取更多的資源找到理由，並且在較個人的層面上，還能根據外部現實構想自己的職涯發展道路。

社交圈也能讓你的觸角變得敏銳。身邊最好要有來自不同產業與背景的人，因為大家對於承擔風險有不同的認知和態度，這也會協助你用不同的角度觀看同一個世界。討論你對外部的認知，和他們的看法互相激盪，你就會更有機會得到正確的意見。克萊兒是年約四十五歲的高階主管，擔任一家營收100億美元公司的執行長，她主動召集四個和她年紀相仿、也在最近成為執行長並經營全球事業的人；每個執行長都在不同產業，也有不同的個人背景；每家企業分屬消費性產品、華爾街、資訊科技及製造業的領域。他們一年齊聚四次，共進晚餐；每個人也都能從自己多元的董事會成員、直接部屬、供應商與朋友圈中得到不同的見解。他們的會面和碰面場合之間的非正式交談，就像是提供每個人交叉比對想法的共鳴板，成為一流見解誕生的聚寶盆。另外，他們也都養成習慣，會對外尋找並聆聽別人的看法，這些人努力在做的事情或專門知識，都能為他們提供外部變化的洞察力。他們創造出多重的效果，並強化每個人的觀察力道。

仔細分析歷史

培養知覺敏感度的另一個方法是，根據歷史的經驗，就算是看一下後照鏡也會有所幫助。花一點時間和同事查看對產業造成衝擊的重大外部變化，或是過去五十年的其他事件，仔細分析這些變化的種子是什麼？誰是引起這個改變的催化者？舉例來說，從大型主機、迷你電腦及文書處理器，到個人電腦的產業轉移，就刷掉王安實驗室（Wang Laboratories）與迪吉多（Digital Equipment Corporation）等成功企業。試著具體找出是誰、又是什麼造成轉移，以及為什麼輸家不能看出正在發生事件的重要性。這類討論很花費時間與腦力，特別在一開始時更是如此，但這是工作中很重要的部分，而且假以時日，你們就會做得更快、更好，也能更早看出端倪。

深入風險的源頭

奇異的事業遍及全球，有三分之二的營收來自美國以外的市場。在某些政治不穩定的國家（也就是有地理政治風險的地方），奇異不只生產、銷售、安裝，還提供產品服務。和許多公司都想迴避風險不同，奇異的內規是，風險是商業模式的一部分，也是應該管理的部分，所以公司應該因為在業務中承擔風險而取得報酬。這意謂經營團隊必須具備一套有節奏、有紀律的機制，從而看出風險的訊號，然後搶先其他人採取適當的行動。

奇異的電力與水事業單位據點位於紐約州斯克納克塔迪（Schenectady），總裁波爾茲（Steve Bolze）在如非洲與中東的很多公認高風險的地區管理差不多五十個國家的業務。這個部門銷售高單價的產品通常要價數億美元，因此對顧客來說就代表長期投資。對波爾茲來說，營收、獲利及投資的最大部分並不是來自於美國。為了保持管理風險並掌握機會的敏銳度，波爾茲會收到某些事先指定的國家定期摘要，並加強注意關鍵的發展態勢和意義。他已經養成習慣研讀這些資料，以找尋早期警訊與催化者；他也會花費時間在這些國家的人身上，並小心聆聽。他解釋道：「我們有一些蒐集資訊的標準作業，我們也會利用外部的團體，但是一提到面對不確定性，沒有什麼能取代親自拜訪。在那些國家中，維持持續的人際關係會幫助你了解當地的驅動力。協助顧客解決問題，也會幫助我們了解當地環境。例如，我們五年前就必須提供科威特大量的電力。和當地政府、夥伴及美國大使碰面，就讓我們對何時與如何往前走有了更深一層的認識。」他的知覺敏感度也得到豐厚報酬，該部門的利潤、市占率、營收成長及產生的現金如今都是業界之冠。他和電力與水事業團隊預測路上的大轉彎，並且在危險地區中得到成功。

持續關注產業變化，建立心智地圖

在微軟一年一度的執行長高峰會期間，我在午餐時和知名投資家巴菲特與其他八人同桌。打開話匣子時，大家都很好奇是什麼因素讓巴菲特能如此博學。我因而得知巴菲特每年會閱讀大約五百份投資人文稿，在文稿中所有人都會針對自己的公司與產業，並且對未來的預測發表看法。巴菲特的實際做法是，放手讓專業人士經營波克夏（Berkshire Hathaway）旗下的個別公司，但是也會注意跨產業的變化，因為那可能會刺激他改變投資組合中的資源配置。這就是讓巴菲特成為偉大投資者的原因，因為他已經做了數十年，也變得高度敏銳，在態勢初見端倪時就能看到訊號與催化者；由於在他投資組合中的企業遍及全國經濟的重要產業，也讓他具備高超的技巧。據我觀察，沒有人比巴菲特更善於理解外部環境。

思考誰會創造大轉彎

發明家會造成改變嗎？其他人可能會利用這項發明嗎？誰有興趣或資源利用這項創新來做什麼？1990年代初期，成本降低與性能增加的微處理器，以及使用成本低廉的網際網路，是分開的兩件事，但是托瓦茲（Linus Torvalds）就看到把兩者結合的方法，藉由開放系統的網路連結全世界工程師的腦力開發出Linux。由於促成免費軟體平台的成立，他成為催化者，並改變某些專利軟硬體業者的命運，如IBM。IBM採納了Linux，而開放系統現在已經成為業界慣例。

常問：「有什麼新鮮事？」

當大部分的人問你「有什麼新鮮事？」時，多半只是一句無關痛癢的開場白。但是，在1981年到2001年擔任奇異執行長的威爾許，就養成習慣，從遇見的不同人身上找出真正的新鮮事。如果他聽到什麼新鮮事，整個人就會精神大振。

在1990年代初期，我和奇異的高階主管已經共事超過十年，某天我在紐奧良的凱悅飯店電梯裡遇到威爾許。我問候道：「早安，威爾許。」威爾許用他那雙銳利的眼眸看向我，但是卻不說話。我又打了兩次友善的招呼，還是沒有得到任何回應。正在我覺得有些焦慮時，威爾許忽然問我道：「有什麼新鮮事？」我馬上回答他：「零週轉資金。」他接著回答我：「你現在是要販售給我什麼顧問服務嗎？這是你編造出來的嗎？有誰在做這件事？」他有點懷疑，但絕非輕視。當電梯門打開時，他又詢問一次有誰在應用這個方法，於是我告訴他有一個執行長利用這項工具把資金更妥善運用的細節。這些日子以來，大部分的製造業每創造出1美元營收，大約會利用20到40美分的週轉資金，因此零週轉資金會是一大競爭優勢。這個新方法可以讓資金鬆綁，轉而用於投資成長；同時讓公司能做到接單後生產，也能提升顧客滿意度。

威爾許找了執行長與某個事業單位的主管，一起花了幾個小時學習相關細節。然後他派遣高階主管參訪其他公司的廠房，高階主管回報他這個系統是真的。威爾許最後設立零週轉資金目標，並在位於克羅頓維爾（Crotonville）的奇異高階主管教育機構，針對這個主題開設一堂課。到了威爾許退休時，這個方法為奇異節省數十億美元的現金，那些錢就能用來投資在公司的成長計畫上。

如今我在高階主管訓練課程上，以及進行高階主管的教練工作時，會傳授「有什麼新鮮事」的價值，而我也持續得到回饋的意見。大家都發現，這麼簡單的一句話，在刺激新的想法、擴展想像力及連結不同的見解上真的非常有效。

我也把找出「什麼是新鮮事」當成每天的習慣。例如，我最近和《哈佛商業評論》的編輯討論時，我就詢問他最近對哪些新的主題感興趣，以及在他看來有哪些事會引起最大的挑戰。接著他就提到機器人，我因而追問更多的細節。他原來不想知道機器人將會取代人力的方式，但是這的確即將出現。然後我連結到一件事，亞馬遜的貝佐斯最近買下一家機器人公司，這在他一天交貨的商業模式裡是不可或缺的元素；再加上另一則訊息：谷歌花費5億美元買下一家衛星公司。不久後，我在《經濟學人》上就看到有人生產並上市非常小型、大小不超過三十公分的衛星，現在也已經在地球周圍的低空軌道上運行了。這些資訊就是種子，可能會被結合加以應用，並為幾個產業帶來大轉彎，正如農業與運輸業。我把這個見解和很多人分享，他們身處全球的不同產業，而且都曾問我在觀察什麼事。重要的提醒是，這並非單行道，我也會從他們的觀察中學習。由於我每天都會和不同產業的不同人士見面，因此能培養敏感度，看見哪些不確定性正在改變，以及哪些路上的大轉彎可能就要發生了。

不同的人會用不同的方式詢問有什麼新鮮事。伊梅特就習慣問：「你認為呢？」另一個我認識的領導者則會問：「你現在經歷最困難的事是什麼？」要開始討論什麼是新鮮事時，較冗長也較精確的方式是詢問：在整個產業內，什麼是普遍的做法與潛在假設？這些共同性就是系統性風險的來源。在2008年至2009年的金融崩潰前，房貸借款作業驚人的相似就是一個例子，當時的信用標準也十分馬虎，從過度槓桿操作的房市就可以觀察到。如果你看到某件事正在發展，就要考慮什麼事會引爆導火線。你可以提出幾個可能發生的情境，並且注意某件事已經進一步成形的訊號。不管改變是好是壞，誰可能會是其中的催化者？

利用局外人觀點，提升掃描能力

你可以延請客觀第三方瀏覽全球的媒體資訊，並搜尋正在出現的關鍵主題、正在破壞常態模式的異常事物資訊。例如，食品公司或農產品公司可能會對有關基因改造生物（genetically modified organism, GMO）、防腐劑的使用及標記食物產地資訊的自然標籤等議題感興趣。掃描資訊有助於辨識正在累積能量的新主題與模式，甚至知道它們從哪裡發端。從1990年以來，有關基因改造生物的媒體資料數量已經增加到三十八倍、防腐劑是八倍，而自然標籤則是十三倍。在食品業的某個市場區隔裡，對基因改造食品的擔心與美國基因改造產品整體需求的下降，兩者有直接的關聯。從這樣的新聞掃描中，不管是要攻擊或防守，企業就能找出面對趨勢的方法。目前也有公司提供這樣的服務。

注意社會事件

要密切留意社會正在如何演變，以及正在出現的最新消費行為，媒體通常會很快注意社會議題，隨著社會議題進入政治領域，監督或規範就會增加。2012年，臨床藥物實驗在印度成為熱門議題，因為有些政治領導者注意到社會上非常擔心參與實驗者的死亡人數，即使有些人的死因和藥物並沒有直接關係。批判聲四起，有些醫生被嚴厲指控貪汙，接著有激進份子提出防衛公眾利益的訴訟，聲稱印度的全球公司把印度民眾當成人體實驗的白老鼠。大眾輿論和政治辯論促成當局在2013年嚴格立法規定，不論原因為何，在試驗期間發生的傷害或死亡，測試公司都要負起責任，因為社會騷動已經到了政府不得不快速採取行動的地步。

在美國，立法是耗費時日的漫長過程，幕僚一開始都有很多工作要做。知道幕僚與政府的不同委員會正在討論的議題，可以讓你保持警覺。你也要看懂投資銀行家與策略規劃者的眼光，以識破最新的商業模式。不管哪個產業，都應閱讀相關報告或網路新聞，看看正在談論的創新模式。

當一個貪心的讀者

閱讀書籍與出版品，如《金融時報》、《紐約時報》、《華爾街日報》及《經濟學人》，找尋讓你覺得意外和奇怪的消息。我的方法是，一開始先讀約占半版的全球經濟與商業評論Lex專欄，這是《金融時報》第一版的最後一頁。因為已經閱讀這個專欄三十多年了，我已經知道這個專欄在事實與洞察力上非常可靠。這個專欄通常會有五則新聞，我會一邊閱讀，一邊好奇有什麼新鮮事、我所不知道的事，以及可能是某個趨勢的開端。可能有好多天或好幾週都一無所獲，然而一旦發現，我就會思考可能的意義、又對誰有意義、誰會採取攻勢、誰又處於守勢，為什麼？這會改變遊戲規則嗎？不管閱讀什麼，這麼做都會提升你辨識大轉彎的預兆與催化者的能力。《經濟學人》每幾週會出現的特別報導，都是由專家級的新聞業者執筆，他們在全球擁有廣泛多元的消息來源，報導都是針對當前議題的絕佳研究。

這裡有個例子，正好說明一個產業如何看到訊號與催化者，並評估其顛覆局面的影響力。2012年，美國汽車業者漸漸從全球金融崩壞與餘波中復原，國內經濟似乎已經度過危機，消費者信心也反彈了，加上低利率和汰換老舊車輛的需求，與去年同期相比，汽車銷售成長率高達兩位數。包括董事會、投資人、供應商、經銷商，每個人都知道美國汽車業最強勁的對手就是日本，所以汽車業的高階主管都會密切注意日本的動向。

他們注意到安倍晉三在2012年12月接任日本首相，而後明確宣布要大力推動日本經濟。由於日本已經歷經十五年的通貨緊縮與經濟停滯，極度缺乏信心，安倍晉三一上任就大刀闊斧要貫徹政策。美國汽車業的高階主管認為安倍晉三是一個催化者，並猜測他在日本會激起什麼火花。不難想像，安倍晉三的經濟政策目標可能是增加出口，並讓日圓大幅貶值，促使日本引擎得以再次發動。但是說比做容易，要透過一堆政治語言把事情完成，在任何政治場域中都是極為困難的，因此可以不必理會這些談話。緊接著又出現另一個催化者，安倍晉三在2013年2月任命黑田東彥擔任日本央行總裁。不到兩個月，黑田東彥就執行新政策，使日圓貶值，促進日本的出口。五個月內日圓幣值就到達新低點，1美元從兌換78日圓變成兌換102日圓。美國政府樂見這樣的轉變，從那時起1美元就保持在兌換100日圓左右。

從安倍晉三被廣大的支持者推選擔任首相開始，美國汽車業領導者約有八個月在持續思考不同的情境、修正計畫，並且預先演練未來幾年可能會變得更加激烈的競爭。其實訊號十分清楚，日圓一定會貶值，因此他們應該思考的是：日圓可能會跌到多深？對於市占率的競爭與配合價格調降等可能的影響為何？日本的競爭對手又會怎麼做？美國業者在資源配置和新產品上又該怎麼做？從價格到產品組合，他們應該做的是評估整體商業模式。供應商也可能是消息來源，因為他們會知道日本汽車業者是否準備生產更高附加價值的新車款；或是如果供應商被要求提高產量，就表示日本汽車業者準備搶攻市占率。但是，美國汽車業者做的卻是跑到華盛頓去哀求政治人物，在貿易協商中加入禁止日本操縱日圓幣值的規定，但是這項哀求並沒有被聽進去。

對我來說，這是一個非常有力的例子。經由練習培養的知覺敏感度，至少能給你因應外部變化的緩衝時間，而在這個例子中，這個外部變化就是由地理政治變化所引起的。

下一章將會談到塔塔通訊（Tata Communications）用來培養團隊知覺敏感度的三個方法。

第8章

擴大視野

以塔塔通訊為例

通訊產業的技術隨時在翻新，商業模式持續在變化，知覺敏感度的報酬也就特別高。塔塔通訊的董事總經理暨執行長庫馬（Vinod Kumar）一直以來都試圖讓知覺敏感度融入制度。「我們一直在做的事就是快速重新建構供應鏈，並且重新分配利潤給供應鏈中的廠商。」庫馬說道：「我們只是必須確認，我們在獲利方程式中站對邊。」他知道，如果對大局欠缺清楚認識，就不可能辦到這件事。他因而建立機制，以培養組織的知覺敏感度。

塔塔通訊隸屬於營收超過1,000億美元的印度塔塔集團（Tata Group），提供通訊、電腦運算服務，並和大型的全球企業合作基礎建設，每年營收大約30億美元。它的光纖連接幾個大陸，並提供20%的全球網路路由器；資料中心有100萬平方英尺，支援35%的全球電話漫遊流量。公司的顧客分為電話公司與行動業者兩類，簡直是世界的威訊（Verizon），並且必須連結分散在各地辦公室的跨國公司，如摩根大通（JPMorgan Chase）、輝瑞（Pfizer）及安泰（Aetna）等。除了在競爭市場上要面對快速的創新與改變，塔塔通訊的客戶還要面對高度的複雜和不確定性。因此，這家公司制定相當嚴格的三年計畫週期，畢竟面對這樣的變化速度，更長時間的計畫看來幾乎不具意義。

然而，庫馬在2013年年初開始思考擴大視野，他決定超越平常保守的假設，看看世界在十年後會變得如何，然後再看看如果要達到「非線性成長」，有哪些選項可能已經存在。他召集頂尖團隊，在不受當前數據的限制下提出一些計畫，而他們描繪的景象也遠遠超乎現有的目標。目前相同的事情做得再多，也不能把他們帶到想像中所能到達的地方，因此庫馬必須把組織導向更寬廣的脈絡，這個團隊才能指出成長的具體機會。

塔塔通訊所提供的服務擁有高度市占率，但光是這項訊息卻無法提供太多的指引。「我們在很多區隔市場中必須和快速跌價奮戰，」庫馬解釋道：「所以要找出我們能獲利的服務，需要很多前瞻思考。我們的事業可以有什麼改變、能夠達到的規模、有利的機會在哪裡？可能的風險又是什麼？」客戶在各自的商業環境中正在面臨大量改變，要開創出他們需要的服務，就必須理解他們所處的世界。如同庫馬所說明的：「我們相信有很大的機會能扮演更重要的角色，而不只是成為布景。舉例來說，我們覺得根據正在成形的變化，藉著在教育、媒體及娛樂創造出的全新服務，就可以幫助客戶成功。」

庫馬也相信，擴大視野可幫助公司在自己的產業以外看到新的商業模式。「即使你在我們這一行，無論是電信或合作服務，和其他如製藥業等產業中見多識廣的人聊天，一定能發現可以借鑑的想法，像是關於如何讓供應鏈運作。很多談話沒有什麼名堂，但是在能產生突破性觀念的人身上花時間絕對值得，大部分的談話都能啟發對我們確實很重要的想法。」創造全新的市場與產業並不是不可能的事。「如果能連結剛開始浮現的點，就能創出全新的次產業，假以時日，甚至可能會是全新的產業，但是我們還沒看見這些會是什麼。」

就像在企業裡的所有人一樣，塔塔通訊的領導者也全神貫注在經營績效，以及改善生產力和效率上。在面對技術的有效期限愈來愈短與割喉競爭時，他們以庫馬所說的虔誠熱情，跟上在他們部門或產業的最新發展。為了幫助大家站上更高的高度，並且打造出具有求知欲的文化，從而不斷學習與研究，庫馬採取三個具體的行動：帶領部分高層主管參加知名的教育組織課程；成立名為「月球漫步」（moonwalks）探索計畫的志願團隊；設計正式的訓練課程，以刺激更寬廣的思考。

外部教育課程

2013年11月初，庫馬和一群約莫五十人的領導團隊搭機前往舊金山，他們的最終目的地是奇點大學（Singularity University）。該機構由兩個科技人於2009年在矽谷創立，其中一個創辦者是社會創業家戴曼迪斯（Peter Diamandis），他因為成立X獎基金會（X Prize Foundation）而聞名；另一個創辦者則是未來學家與創業家科茲威爾（Ray Kurtzweil）。他們成立奇點大學的目的是要幫助不同領域的企業領導者與專家一起腦力激盪，思考如何利用科技來造福社會。奇點大學的整個重點稱為「指數思考」（exponential thinking）。這個理想的門檻高得不可思議，例如，他們把目標設在生產一劑只要1美分的瘧疾疫苗，或是為影響十億人的問題找到解決方法。奇點大學的教職員都是科技界中各個領域的專家，包括腦神經科學、奈米科技及機器人學等，他們相信不同科技的結合會帶來意想不到但極為強大的效果。

考慮科技匯聚的共同利益，庫馬認為，奇點大學的高階主管課程，能有效打破被日常業務束縛而形成的心理枷鎖。一週一次的例行課程，除了庫馬本人以外，參與者還包括來自全球塔塔通訊不同部門的人，以及其他來自稅務、人力資源、產品設計、銷售及行銷等不同背景的人。

這個課程屬於沉浸式教學，也就是小組會從一個場地移到另一個場地，從演說、討論到工作坊都有。有來自世界各地的思想領袖，還有矽谷的科技領袖進行三至四小時的簡報，主題涵蓋人工智慧、機器學習、新一代的網際網路、無人汽車、製造業與醫療保健業的3D列印技術，以及無人飛機的技術。聯邦調查局的前情報員主講數位安全與新一代的武器時，也會討論道德和科技倫理，同時會提出很多挑戰現狀的問題來激發大家的熱情，例如，「如果一個到你國家的外國人可以利用3D列印製作一把槍，那會怎麼樣？」

大家慢慢開始投入，思考也變得更寬廣，並且會結合不同類型的趨勢。當然這不是馬上就會發生的事，也不是每個人都能如此。藉由外部人士授課與交流，庫馬試著讓團隊體驗奇點大學的課程。在前往舊金山前，這些人的熱中程度不一。「這趟行程開始時，有三分之一的人有所謂的求知欲，這些人也很進入狀況。」庫馬解釋道：「他們會說：『也許這裡有什麼正在發展的東西』，而其他三分之一的人可能會說：『好吧！我們信任你，所以這趟行程可能會有什麼好處，我們就敞開心胸參與這趟旅程吧！』另外三分之一的人則會坐在那裡說：『唉，我有真正工作上的問題要解決』、『我必須達成這一季的數字』、『我必須改善5%的現有流程』，或是『我必須為一個專案籌募資金』。他們像是在心中築起高牆，並不投入。」

庫馬並沒有駁斥這些抗拒，「我學到不要試著太強硬說服大家這很重要，我就規劃會議讓他們出席。離開奇點大學後，有三分之一的人說：還是不確定會有什麼成效，也不知道其中的重要性。不過，全部的人都認為：這開啟了他們的眼界，並且看到以前所不知道的事物。這個結果已經讓我驚豔。例如，很多人都表示得知這麼多正在浮現的技術與改變的速度後，他們要和自己的孩子討論這將會如何影響他們的生活，以及他們現在應該學習什麼。」

探索計畫

結束奇點大學的課程後，庫馬思考要如何激發更大一群主管的好奇心，於是他把現有的機制做了調整。數年來，塔塔通訊都靠著跨部門團隊在一百二十天內解決營運問題，在促進內部改善與挖掘人才上，這個方法已經被證明非常有效。2013年，庫馬忽然想到，相同方法也可以運用在擴展同仁的思考層面上。所以，庫馬挑選一些主題，包括人工智慧與機器學習、醫療保健和生物科技，以及積層製造（additive manufacturing，也就是3D列印），每個主題都由一個主管負責。這個人要籌組一個跨部門團隊，從公司的中階與高階經營團隊中找出大約十或二十個志願者。這個任務開放但明確，就是要好好學習這個主題。各個團隊也可以用自己選擇的方式來進行，如上課、線上研究，或是尋找學者及其他公司的人參與。庫馬也說明，重點就只是要大家去探索：「並不是要強迫大家找出對我們公司的影響，一定要做的就只是學習正在發生的事，最新的技術是什麼？趨勢是什麼？正在崛起的業者又是誰？」一百二十天後，各團隊要提出一份白皮書或影片，內容要包含所學習的精髓，並且分享給公司前兩百位高階主管。

庫馬一開始把這個練習稱為「凝視未來」（Future Gazing），但是很快就改為「月球漫步」，他解釋這是因為「我想要一種微妙的說法，這真的是一種探索。我們要走在新的領域上，希望能發現有用的天然金礦。」同仁對月球漫步的熱情提高了，尤其是公司的中階主管，大家開始找出這些報告，這股熱情也鼓勵高階主管會在一週撥出約兩小時持續相關的進展。這也讓庫馬在第一次月球漫步計畫進行到三分之一時，又開始另一批團隊。「我相信，大家會用不同的眼光來看待研究的主題，絕對會和過去他們所想的不同。一切就是要讓學習再度變得有趣，並且把大家導向留意外部，不能只是注意自己的產業與競爭環境，還要注意外面發生的其他事情。而且，我很有信心，我們一定會從一切達成的結果中受益。」

內部訓練課程

2013年，塔塔通訊開始做的第三件事就是推出比較正式的訓練課程，並由領導團隊利用個案研究的方法來策劃並指導。庫馬親自教導的是關於創意思考、創新及外部導向等比較軟性的層面，而他進行的一個練習是，運用其他產業的商業模式或實際作業進行腦力激盪，看看能如何應用在自己的產業裡。庫馬表示，大部分的時間都不會產生直接有用的效果，但是他看到採取不同觀點的價值，因為「這可以訓練心智脫離線性思考的陷阱。」

不論你用什麼方法建立知覺敏感度，務必謹記在心，

不要只是運用學術界的做法，而是要用更寬廣的透鏡觀看世界。另外，必須利用你的觀察為組織描繪方向，並且帶領組織通過你所看到的變局。以下三章能助你定義出新路線。

第二部觀念提要

- ✓ 你是否習慣從與人交談、閱讀報章雜誌中，注意到異常、矛盾及新興的趨勢？
- ✓ 你最近是否曾把資訊網絡擴展到超出你的產業、國家及舒適圈之外，以拓展你的視野，並且透過其他人的透鏡校準你的思考內容？
- ✓ 你是否有某種例行機制，讓你和團隊可以針對外部環境提出彼此的觀察，並探討對公司的潛在衝擊？你對這件事是否分配足夠的時間與注意力？
- ✓ 你是否看出某些催化者的活動是你必須追蹤的？是否已經看到催化者可以掌握的「種子」？是否看出催化者必須克服的障礙才能取得的影響力？
- ✓ 你有沒有改善知覺敏感度的方法，例如對可能正在成形的趨勢提出假設，或催化者可能會做的事，並在之後重新檢視你的預測，看看正確性如何？
- ✓ 你是否鼓勵並重視部屬的知覺敏感度？
- ✓ 你用什麼具體方法來加強自己與部屬的知覺敏感度？你有沒有開發出新方法？

第三部

主動出擊

第9章

定義路線

畫出一條差不多直接通往地平線的高速公路吧！是的，路上一定會坑坑窪窪的，但是當看到這條路時，你對前往的方向會有很清楚的想法：這是講求核心能力的時代。現在想像一下，這條路忽然遇到大轉彎，接著分出很多岔路。應該要往哪一條路走？路上會不會彈盡援絕或走到死巷？這是在不確定性中領導的全新世界。

掌握攻擊者優勢和為核心能力找到新用途，是不同的兩件事。它比較像是一種過程，而該過程是以這個中心問題為起點：我可以利用什麼新技術創造新需求，或是為客戶、消費者提供更吸引人的體驗。以下這兩件事能大幅提升在不確定性中尋找出路的能力：一是敏銳聚焦在端至端的客戶或消費者體驗；二是知道如何運用數位化與分析法[7]。

轉換到新路線會觸發特殊的挑戰，但不能因此受到阻礙，你還是必須清楚說明公司的新方向。採取主動成為必要，理由很簡單：只做防守就意謂著業務會縮水。光是實現公司的短期獲利並產生現金，這種做法終將失敗，除非你找到新路線。維權股東（activist shareholder）（譯注：是指利用持有公司股份的權力，針對特定議題向企業管理階層公開施壓的股東）通常能找出某項或許應該被放棄的業務，可能是有部分不成長，或賺不到資金成本，或是在其他公司會更有價值。你可以試著和維權股東對抗，或是暫時抵擋住他們的壓力，但是除非你已經具有追求新商機的心態，否則放棄某項業務只會讓公司成為容易收購的目標。

這就是Trico公司面臨的狀況，這是一家跨足三個不同產業的大型製造業者。為了脫離利潤微薄又高資本密集的業務，董事會建議進行一項嚴格的事業組合分析。第一個要丟棄的事業，是一個占有總營收15%的重要部門，該部門花費很多的現金，但卻幾乎零成長，後來出售給一家私募股權公司，此舉讓公司的核心事業與一個較小的事業單位占有一個特殊的利基市場。維權股東接著開始對公司施壓，想要賣掉那個小事業單位，但是其實這個小事業很賺錢，也正在成長中，還產生很多現金，但是維權股東卻主張如果賣給別人就會賺更多錢，所以這個小事業很快也上了拍賣台。同時，公司的核心事業也大幅調降成本，並讓流程更合理化，還進軍到不同地區的市場，只是尚未建立新的成長路線。由於這家公司已經降低資本密集程度，又能產生現金，因此也變成一個誘人的收購目標。

把Trico公司的防守姿態拿來和推出Photoshop影像軟體與Adobe Reader閱讀器等軟體工具業者的奧多比相較，奧多比的總裁暨執行長納拉延（Shantanu Narayen）看見一個他認為是剛出現的結構不確定性後，立刻就採取攻勢。2000年代的前十年，雲端運算才剛興起，也還未被廣泛接受，但是納拉延看到它可以讓人不再需要自行擁有昂貴的設備與軟體應用程式，取而代之的是本質上可以因應需要而租用的運算能力。雲端運算會主導一切嗎？納拉延的推論是：會的，因為消費者都渴望降低固定成本，因此會讓它十分吸引人。這個推論一旦成真，奧多比原來授權套裝軟體可以在一個裝置下載的商業模式就無法與最新的數位世界發展同步。因此，納拉延開始盤算，在全新「用多少付多少」的電腦時代，該如何重新定位奧多比。他猜想，顧客不會想要先購買授權再下載軟體，而是支付會員費，但在雲端上使用。

對於全新商業模式的展望，會帶來困難的問題與挑戰。公司遇到的問題是，無法同時維護兩套基本程式碼，也就是目前在使用中的程式碼與能在雲端上作用的程式碼，所以納拉延必須選擇公司要把精力和資源集中在哪裡。想要改變公司的經營路線，問題實在十分錯綜複雜。第一件事就是，當公司把錢花費在建立新的程式設計能力時，總營收與獲利都會暫時縮水。把業務轉移到雲端無疑會惹惱部分的管理團隊與董事會，因為他們一心期待從舊模式中獲益；顧客可能也會感到不安；當然，投資人一切全都看在眼裡，不是覺得非常懷疑，就是極度擔心奧多比的走向。

最後納拉延決定重新定位奧多比，搶先其他業者快速轉移到雲端運算。這個決定超越了等待大規模的產業轉向。納拉延下注在雲端，並協助團隊看到這件事的急迫性。這項調整並不容易，但是當奧多比發行自己的雲端產品時，市場反應比預期熱烈，而且由於奧多比領先其他業者，因此能在價錢被抬高前就先出手買下所需小公司的技術能力。這是一次漂亮的出擊，投資人因此也十分支持奧多比。

我之前曾強調，保持敏捷與願意改變的重要性。如果一開始選擇的路是錯的，你必須做的改變可能就不只一次。但你卻絕不能一再這麼做，因為這不只是一次簡單的重新校準而已。組織裡的很多部分和產業生態中的很多夥伴，都必須與你的策略方向一致。如果路徑曲折，就會引起重要支持者的困惑，也會傷害他們對你的信任。

路徑搖擺的雅虎

以雅虎（Yahoo）為例，賽梅爾（Terry Semel）、楊致遠及巴茲（Carol Bartz）這三位快速接班的執行長都選擇一條沒有未來的路線。董事會高度期望賽梅爾可以把雅虎變成金雞母。2001年，大約在賽梅爾剛獲聘時，我在紐約出席一場會議，楊致遠（雅虎創辦人，在董事會待到2012年）提到，他們花費兩年的時間說服賽梅爾放棄華納兄弟（Warner Brothers）董事長暨共同執行長一職，轉任雅虎。賽梅爾把公司定位在從廣告獲取營收，但是初期爆量的銷售很快就後繼無力。楊致遠接任後，大部分的精力都耗費在對抗微軟的惡意收購，因為微軟的出價實在太低了。這次出價失敗後，投資人給了很大的壓力，雅虎股價開始下跌，人才也開始流失。董事會急著想找到能夠設定方向、釐清外界疑慮的新執行長，最後選擇Autodesk的前執行長，個性十足的巴茲，她致力降低成本並擴大規模，並與微軟簽訂營收分享合約，雅虎會使用微軟的搜尋引擎，並分享雅虎的搜尋技術。投資人並不買單，於是更多的人才陸續出走，包括一位搜尋引擎的重要專家。2012年，在雅虎聘請谷歌前員工、公認的商業明星梅爾（Marissa Mayer）擔任執行長前，雅虎已經在快速變化的市場中被競爭者迎頭趕上，公司的士氣十分低落。對一個新上任的執行長來說，很難在短時間內標示出一條可行路線。梅爾一向決策大膽，而且因為雅虎持有阿里巴巴的股票，現金也沒問題，但是成敗仍在未定之天。由於頻繁改變方向，公司內外似乎都不太有信心了。

消費者握有關鍵之鑰

大數據與演算法無法完全取代顧客或消費者的直覺，而這是很多高階領導者所欠缺的能力。由於擁有其他技能與特質的人太常贏得高位，結果公司很快就會出現和一般人脫節的高階主管，然而一般人才是真正使用或消費產品的人。有些公司升遷的偏好是財務專業，而不是營運經驗；另外，立即的要求經常擠壓投注於了解消費者的時間。彙整的指標對控制目的有用，但是在理解與重新概念化全體消費者經驗，或是清楚說明選項與決定時，卻不特別管用。舉例來說，大數據可以區分購買行為，但卻不能教你如何進行市場區隔，並且要對哪一群人下手。要深度理解並設定可以被檢驗的假設，同時在許多情形中做最後判斷或處理獨特狀況，人類的心智仍占上風。優比速（UPS）極端精密的道路整合最佳化與導航系統（On-Road Integrated Optimization and Navigation system），應用車輛感應器、衛星測圖，以及包含大約八十頁程式碼的先進演算法，目的是為了能在上萬個選擇中建議最佳路線，但卻還是有司機不理會電腦建議的選項。這套系統的開發團隊主導者李維斯（Jack Levis）說：「我們告訴司機，如果系統要你做的不能滿足顧客需求，你就做你認為對的事[8]。」

更新、更好、更便宜的吸引力，終將讓市場與產業重新洗牌，並且動搖企業的根基。「更好」代表的不只是比你以前提供的東西更好，而是要超越市場上的其他選項。定義路線意謂著，找出消費者經驗中缺少的環節，或是絕佳的全新消費者體驗，然後找出填補落差的方法。當科技允許消費者即時在線上分享資訊時，消費者需求的改變會比過去任何時間都來得快，讓一切更值得關注。同時，創新與科技發展一樣會快速出現，不斷提出新的方法以滿足新的需求。而靈光乍現的頓悟時刻就來自於觀察外部環境與消費者，並從消費者角度想像便利性和成本的極限，並以某種新方式來應用科技。

要理解新興消費者需求與解決方案，需要完整的商業思考，要結合各種可能性，直到某件事奏效。洞見可能會在團體討論中出現，也可能是你在某天早上起床時忽然對公司方向有了新想法，而這就是你採取攻勢的憑藉。

2014年夏天，花旗集團（Citigroup）前全球消費事業群的資訊長科佩爾（Harvey Koepple）告訴我，行動銀行想法產生的背景。2003年，他到孟買視察新成立的分行，孟買有很多最新的科技，他也看到消費者有多麼愛用。當晚，在陪同印度花旗銀行主管出席的一場漫長晚宴中，科佩爾玩著手上的黑莓機，這個想法就忽然浮現在他的腦海。他轉頭詢問印度籍經理：「你願不願意在黑莓機上開設一家花旗分行？」這位經理回答他：「真的嗎？我們可以這麼做嗎？」科佩爾保證可行，並在餐巾紙上草擬應用程式。這項創見得到總公司同意，接著在三個月內就推出應用程式。這是史上第一次大型銀行進軍行動銀行業。

沒有直接的觀察，就無法產生對顧客或消費者的初步理解。就算是沃爾瑪（Wal-Mart）的執行長沃爾頓（Sam Walton）也會到各門市走動，還有其他無數人也都這麼做。賈伯斯與貝佐斯對消費者的感受力是一種傳奇，但也是來自於敏銳的觀察。

再舉例來說，位於印度孟買的未來集團（Future Group）就非常成功，事業遍及零售業、品牌管理、房地產業與物流業，它的創辦人和領導者是畢揚尼（Kishore Biyani）。這家公司的根基是零售業，從潘特倫連鎖百貨（Pantaloons），與人稱印度沃爾瑪、也是印度最大連鎖超市的大賣場（Big Bazaar）起家。畢揚尼會運用大量的分析來決定要進入或退出哪一個市場與類別，即使位居高位的他仍會花時間了解消費者，還把這件事當成組織裡最重要的事。「我一週會到店裡走動兩次，而且會帶人和我一起，」畢揚尼表示：「不管去哪裡，都會去看人。只要到門市，我們就會觀察人，看他們放進購物車裡的東西、由誰做購買決策、他們的穿著與行為方式，試著把我們的觀察和我們在該族群所做的事彼此連結。」

「在我們這一行，事情變化得很快。新產品一出現就上市了。我們必須跟上周遭社會正在發生的事，並且理解造成影響的因素，再透過數據加以分析。」

零售商店通常會服務好幾個社群，為了了解每個社群的特性，未來集團的團隊進行廣泛研究，不只是針對所得，還包括語言與宗教差異，以及是否從外省移入，或是本地人、專業人士等，諸如此類。這個團隊的報告非常詳細，不但探討這些行為的成因、是否可能改變，也探討對新事物的接受程度。

在這些分析的背後，一定有人的觀察。2013年年底，畢揚尼發現，當地有些村莊的女孩穿著牛仔褲去廟裡拜拜，這一直以來都是禁忌。他把這個改變當成兩件事的徵兆：對西方服飾的接受度變高，以及對女性更尊重。他想：「如果這件事被接受了，其他事情也將會有所改變。社會在改變，而家庭也接受這些改變。」這個觀察具有商業意義，這表示一般女孩與年輕人可能更常參與購買決策。為了因應這個情況，畢揚尼開始想讓公司雇用更多年輕人與女性，以及更了解多元化的人。「到了2015年，我們將會有不同的組織。」畢揚尼如此表示。其中最重要的一課是，消費者行為上的微妙差異其實無所不在，必須非常仔細留意。畢揚尼非常了解其中的精髓：「我的工作是做決策，如果我不了解顧客，組織就會化為烏有。」

如果你是中階主管，可能會有接觸顧客的時間，這對培養直覺很有幫助，但是如果老闆只用財務數字評判你的表現優劣，並以此左右你的職涯，或是如果想法沒有數據證明就會被否決時，你可能會覺得意興闌珊。千萬別這樣！要頻繁探訪顧客或消費者，提出自己的觀察，並找出他們的需求改變過程。觀察更廣泛的外部變化，如法規、地理政治情勢、社會與技術的變化，是對變化中的需求培養直覺的方法。最好特別聚焦在顧客的痛點，以及可解決的方法。

簡言之，最新的挑戰就是結合你的膽識與適足的數位化知識，並設想如何用以轉變消費者體驗。在銷售前後，公司和消費者有很多方式接觸。科技（廣義的定義）可以如何改善端至端的體驗？亞馬遜是一個可以參考的例子，亞馬遜就是因為貝佐斯對打造更好消費者經驗的熱情而誕生。他在職涯早期就遇見蕭大衛（David E. Shaw）這位聰明的數學家，這個人根據自己開發的演算法，成立德紹（D.E. Shaw）投資公司。貝佐斯看到演算法在金融上的應用，於是就把這股力量與消費者希望更有效率的購物經驗結合。從那時候開始，他就看到很多改善與擴展服務的方法，而且永遠都是從消費者經驗回推到感應器、演算法及軟體的改善。

天生與再生的數位公司

像亞馬遜就是天生的數位公司，不必剝掉官僚組織好幾層皮才能變成以消費者為中心的公司，也不必在營運中努力整合科技，它們一誕生就結合新的技術能力，以及領導者對消費者的敏銳眼光，能看到消費者需要卻缺乏的事物。

舉例來說，2014年2月，臉書以190億美元買下WhatsApp，就是為了滿足即時通訊的需求，同時還能保護使用者隱私。這類天生的數位公司中，最成功的都可以非常快速擴展，而且幾乎可以隨時取得資金，但是它們的商業模式本來就不需要太多資金與成本。在WhatsApp被併購時，公司員工還不到五十人。

但是，對傳統企業來說，因應數位化並砸錢投資卻是另外一回事了。大企業有數萬或數十萬的員工，在實體廠房與設備上有巨額投資。它們的技術投資也會加強或取代實體活動，但卻只是在核心事業進行數位化。這對傳統公司採取攻勢時會造成很大的約束，也因此門戶大開，讓天生的數位公司有機可乘，它們會應用雲端、先進軟體、演算法及大數據來改善消費者經驗，高利潤的市場將會遭受攻擊。

傳統公司必須思考如何在所有的形式上利用數位化，以提供更好的消費者資訊，並打造更好的全新體驗。就像奇異的波爾茲所說的：「所有身為領導者的人都必須加速了解大數據與演算法，並且要知道如何應用。每個人都必須像回到學校一樣。」〔他自己也這麼做了，花費很多時間在加州聖拉蒙（San Ramon）的奇異工業網路單位學習。〕在想像可能性時，不要立刻確定公司要如何轉移到新軌道或進行必要的投資。先想想數位化可以讓你做出什麼全新又吸引人的東西，同時持續聚焦在顧客或消費者上。

如果公司領導者有主動出擊的心態，以及具備航向未知水域的勇氣，公司也可以再生為數位公司。過去五年，梅西百貨（Macy's）改善購物經驗投資技術，並學習了解自己的消費者，已經漸漸朝向「全通路」（omni-channel）零售業者的方向前進，混合實體、線上及行動商店。這條路線的一部分是基於現有的技術能力，一部分則是基於看見消費者在逛街、比較、購買與退還商品時，其實是採用不同的媒介。例如，某個女性可能在線上比較洋裝，到店裡試穿，再回到線上下單，然後由本人退貨，而有些商品可能又偏好宅配到家。演算法有助於決定是否要從訂單中心或附近門市調貨。財務長霍格（Karen Hoguet）表示：「這不只是消費者馬上可以拿到那件商品，而是把尖端科技運用到極致[9]。」有些商品擁有電子標籤追蹤裝置，可以提供改善展示並銷售的資訊。梅西百貨還在測試，當消費者在店裡購物時，能把目標商品推薦給他們的技術。零售業者還能保持純然的實體商店嗎？部分會，但是可能也要重新設定目標，這必然是出自深思熟慮的選擇，而不是因為缺乏行動的知識或勇氣。

決定轉型時要果決，一旦陷入猶豫，天生的數位業者就會快速移動，搶走你最美味、最賺錢的市場。一旦他們控制那塊市場，你就會很快衰退，因為你的血液供給，也就是現金，會受到限制，而消費者的流失將會加速。

用數學在醫療保健產業出擊

機會出現時，採取攻勢的領導者就會找出讓公司重生成為數位公司的方法。在醫療保健業，平價醫療法案引起的趨勢正在加速發生，使得美國機能不全且市值超過2兆美元的醫療保健產業及其相關連鎖產業，都壟罩在不確定性的狀態中，也為已經調整的業者開啟巨大的成長機會。從提供初步照護的醫生、醫院及診所等醫療提供業者、到醫療保險業者與資訊科技系統供應商，每個業者都會受到影響。舉例來說，管理風險的，將是收取固定費用照顧病患健康的醫療照護業者，而不是保險公司。這是很重大的結構性變化，也將重新定義保險業者真正的存在理由。而醫療保健業者也會根據提供病患的服務而收費，按服務計費模式也會轉變成承包每個病患或社區固定費用的形式。這種可能的結果是一套遠比現在更有效能也更有效率的醫療保健系統，消費者將能對自己的選擇有更多權力與責任。事實上，它應該會具備很多改革者長期以來要求卻無功而返的特色，而這是來自健全的市場原則，而不是政策法令。

積極採用數學演算法的公司將會協助產業的轉型，而不會成為轉型的受害者。諾華（Novartis）裡的一個單位，正與谷歌合作開發能監控個人健康的隱形眼鏡。其他公司也在實驗可以監控健康的錶帶、智慧手機及其他行動技術的形式，做為病患預防照顧的一環。

位於愛荷華州德梅因（Des Moines）的UnityPoint Health，正在開發一種基於演算法想像中的全新商業模式。每個病患都和一個由醫生領導的醫療照護團隊有獨特的關係，一天二十四小時，一週七天都能找到人。這種關係的基礎是信任與溝通能力，因此護士是聯絡的關鍵人。這家公司為了打造有關數位化、演算法，以及整合病患不同部門的醫療資訊，如病理、核磁共振造影等軟體的基礎建設，正在投資人才與資金。資訊集中整理和分析，可以幫助UnityPoint Health提升醫療措施。來自病患與其他資訊來源，如對治療法的依賴性和進展等研究資訊，護士及其他團隊成員都可以立刻取得。與此同時，公司也在提升護士的技能，並訓練他們管理病患和公司的固定費用合約。UnityPoint Health的執行長利弗（Bill Leaver）甚至預見一個由資訊驅動的未來，病患不一定要去醫院才能得到醫療照護。

最優秀的策略思考家如果缺乏面對不確定性的勇氣，在發動攻勢時也會很弱，下一章會協助你看到，哪些心理障礙可能會造成阻礙。

第10章

攻擊者的思維

除了前一章的思想訓練，還需要具備一種心理素質，才能在面對不確定性時設定清楚的路線。採取攻勢意指，在對所有成功的因素都有清楚認識之前，就得採取行動，考驗的是對模糊與風險的忍受度。即使有些事還混沌不清，你必須願意下定決心，走向新路線，一路上也要持續調整。這就是領先行動、為別人創造不確定性的攻擊者思維。

湯姆森的轉向

在擔任湯姆森公司〔Thomson Corporation，為湯森路透（Thomson Reuters）的前身〕執行長時，哈林頓（Dick Harrington）就是個視野寬廣的思考者，擁有訓練有素的敏銳觸角，能看到外在世界的相關訊號。他有和很多人談話的習慣，有些是公司內部的人，有些則不是。他也會提出很多問題。1990年代末期，他和兩個常常商談的對象注意到有幾個趨勢正在成形。這兩人是深受湯姆森家族信任的顧問道提（John Doty），以及管理持有湯姆森公司之湯姆森家族資金的比提（Geoff Beattie）。湯姆森公司是美國與加拿大地區報紙與專業新聞刊物的發行商，當他們開始仔細思考新趨勢對公司業務的可能衝擊時，哈林頓變得十分不安。

在1990年代，瀏覽器持續迅速發展，並在1990年代中期馴化了網際網路，讓一般非科技人更容易使用。結果，網路的使用趨勢大興，從1995年到1998年，美國成年人使用網路的比例從10%躍升到36%。人們真的不閱讀報紙和期刊了嗎？沒有人能確定，也沒有人知道讀者會流失到什麼程度。即使人們繼續看報，湯姆森公司商業模式的基礎呢？公司大部分的營收是來自分類廣告與展示廣告。占公司獲利一半的分類廣告會不會大幅流失到網路？同時，零售業也在改變。如Gap服飾和塔吉特（Target）等全國型連鎖業者，正在擠壓地區型百貨公司，而地區型業者為了降低成本，也減少在報紙刊登展示廣告的預算。但是，全國型連鎖業者並沒有補上缺口，因為他們偏好夾報傳單，而不是展示廣告，這對湯姆森公司是獲利較低的業務。

哈林頓推斷改變湯姆森營收來源的力量不會反轉時，公司還很穩定、很賺錢，仍表現很好。當其他媒體公司為產業變化而哀嚎，哈林頓決定採取攻勢。他認為只要整合幾個可能性，以公司現有的專業與專門出版品為基礎，把業務擴展到由電子傳送的資訊服務業，湯姆森就能創造價值。

在行動之前，哈林頓必須讓公司所有人都贊成他的觀點，以及他為公司未來打造的計畫，其中包括令人卻步的任務是要說服湯姆森（Lord Thomson）放棄當時世界最大的報系。由於湯姆森本人也傾向採取攻勢，他能理解哈林頓與其他人的看法，因而支持這項計畫。

抱持防守者心態的人在看到電子媒體崛起時，可能會覺得前景黯淡，進而想盡辦法支撐平面媒體事業。但是，懷抱攻擊者心態的哈林頓卻能在新事物裡看到創業的機會。獲得支持後，哈林頓與團隊接下來花費數年讓公司轉型，包括花費70億美元併購超過兩百家公司，這些都是符合湯姆森公司新策略與財務目標的公司。他們非常有信心的把所有公司整合成一個整體，並把平面媒體公司轉為數位化公司。不只是認清最新的現實，還要善加利用變成自己的優勢，這種心態讓這家公司領先其他人走向新軌道。

競爭者也沒有太好過：有些公司變成併購狂，結果導致債台高築；偉達報業（Knight Ridder）消失了，有的公司則是為了保持獲利仍苦苦支撐。2013年，某家美國報系的執行長坦白指出：「我們的思維困在平面，而不是數位。」這句話說完後不久，這家公司就進行重大重組，把資源導向高成長的方向。即使是備受推崇的《紐約時報》，也遭受銷售量下滑之苦。2014年5月，《時代》週刊內部委員會提出一份九十六頁的報告，為報紙和數位出版的面對面競爭描繪出悲慘的景象。這份報告在網路世界廣為流傳。文中指出，技術與組織的弱點，如技術和編輯各自獨立、缺乏橫向聯繫、未能使搜尋結果最佳化，導致這家備受敬重的出版公司在面對哈芬頓郵報（Huffington Post）這類網路媒體時，完全處於劣勢。這些公司並不像《時代》一樣受到高度敬重，專業程度也不夠高，卻對數位媒體非常嫻熟。

採取攻勢並不代表你必須是某個市場裡真正的第一人，這個世界也不會在一項技術被發明的那天就迅速翻轉。例如，在佩吉與布林建立谷歌以前，搜尋演算法早就開發好多年了。你的特定時機完全取決於對市場將如何演變與成形、手中的資源、夥伴和同盟的需求，以及你自己與公司承受挫敗的能力的整體評估（當然，還有你商業概念的優勢）。行動之前，你的市場位置可能已經好到可以形成動能。有時候，新市場正在擴張也已經重新分割，並留下足夠的成長空間，而不需要爭奪別人的市占率。在這種情形下，最好保持耐心，你只要密切關注種子與催化者，並蒐集正確的能力、資源和夥伴即可。就像我們之前看到的，奇異在伊梅特的帶領下，大步轉向工業網路，以加速整合演算法、軟體及連接複雜設備的感應器。由於這個快速成長的新領域潛力無限，奇異在擴張中的市場裡有足夠的空間擴大市占率，並藉由快速擴張，重新塑造整個產業的風貌。

但是，請不要把耐心與對必然性的渴望混為一談。領導者通常會欺騙自己，當他們說：「我們讓市場繼續發展吧！」就想當然地以為公司能順利轉進新領域，而且遲早會主宰市場。這就是邦諾書店（Barnes & Noble）輸掉大片江山給亞馬遜的原因；邦諾書店已經縮水，還在持續失血中。有時候，等到情勢明朗，一切為時已晚。

移除障礙

即使已經學習了解數位化與消費者，心理因素也可能阻礙你找出利用不確定性的新方法。密切注意自己和團隊根深柢固的潛意識障礙，有助於化防守心態為攻擊心態。

舉例來說，最近就有個經驗讓我體認到這些心理關卡有多麼嚴重。2014年春天，頂尖點心（化名）召集世界各地最重要的二十位資深主管，一起討論公司的策略。頂尖點心是產業的龍頭，但是執行長瓊絲（化名）擔心，公司營收唯一支柱的甜點市場正在迅速縮水，因此想要調查一下團隊對於點心食品走向的想法。此外，頂尖點心和最強對手搶奪市占率的行動也變得很難看。華爾街與媒體執著於銷售量和每季獲利的誤差，不厭其煩的比較著。由於獲利微薄，加上割喉競爭，讓頂尖點心的領導團隊沒有太多時間進行創意思考。瓊絲請我協助她的團隊開啟想像力，讓他們得以看見正在改造市場的演化力量。

一開始，我向大家徵詢在外部環境中看到什麼正在發生的事。「不必擔心和公司業務是否相關。」我說道：「只要談談已經在消失或正在下滑的各種產業中，你們所看見的大轉變或趨勢。」

這個問題令大部分的人陷入苦思。有一個人概略描述公司市占率的衰退；另一個人提到品牌的不一致；然後還有一個人指出，總體經濟因素正在影響海外的產品需求。似乎沒有人能跳脫每天的業務，或是超越自身產業的界線思考。所以，我嘗試採取另一個方法。「讓我們看一下數位化，」我建議道：「你們在這個部分看到什麼？出現的新發展是什麼？又有誰會從中獲益？」我們愈討論，就有愈多人投入，接著他們很快就列出賽局改變者的名單：亞馬遜、谷歌及臉書。但是，當我以其中一家公司為例，詢問他們：這樣的公司下一次會推動什麼大轉向、又有誰會受到影響時，現場就陷入尷尬的沉默。

最後，我們深入探討幾個賽局改變者，並討論他們對其他公司所造成的影響。然後討論幾家完全錯失轉向機會的公司，以及為什麼會發生這樣的狀況。我一共問了五次「為什麼」。這家公司為什麼要這樣做？這家公司是誰？也就是誰是公司的關鍵領導者，他們又為什麼要這麼做？接著，我們的討論才有了進展。等到我看到會議後發送的筆記，才發現這是我一廂情願的想法。為了壓縮對外部環境的想法，團隊準備的摘要又回到市占率、競爭及利潤上。

瓊絲每隔八週就會重新召開聚會，並且不斷把更大格局呈現在他們的面前。他們花費愈多的時間在外部情境上，就愈能了解轉移焦點並尋找新路線的急迫性。當然，過程中也遭遇了一些抵抗。在定義明確的產業裡，經年累月專注於眼前的問題，限縮了他們的思考範圍。過了數個月後，有三個成員還是無法看到更大的格局，瓊絲明瞭她不能再繼續等待了，他們沒有能力看見目前產業外的動能，將會拖延攻勢的進展，而速度很重要。

這些都是十分優秀的人，但卻變成阻礙。即使非常痛苦，瓊絲還是不得不把他們調離現職。同時，她也準備好面對另一個可能的阻礙：有兩個具有高度影響力、長期為公司服務的董事會成員，可能也有很難改變看法的問題。她可以撤換直接部屬，卻無法更換董事。她必須積極溝通，並獲得其他董事的協助，讓他們的同僚轉向。

即使立意良善又有急迫感，對很多人來說，面對不確定性採取攻勢還是很勉強。如果看不到路，就別自找麻煩。因此，你必須克服多年埋頭苦幹的習慣，因為這個習慣會讓你在潛意識中過濾讓目前事業翻紅的改變，並且限制重新打造事業的想像力。以下是會阻礙人們的觀察敏感度與決策的幾個障礙：

- 依附現有的核心能力
- 無法培養新的核心能力
- 落伍的關鍵人物
- 恐懼
- 迴避反彈力量

依附現有的核心能力

很多人都死命抓住這一點，還認為這是他們最好、甚或可能是唯一的優勢，也是美好未來的基礎。畢竟，這些核心能力是公司高利潤、市占率及獲利能力的來源。尤其如果是你曾協助建立這些成為公司成功基礎的核心能力，就很難看見這些能力在變動的環境中可能已經變得無關緊要。柯達的執行長就是這種問題的代表人物，他專注於把市場擴展到中國，根據的是柯達擅長的軟片照相技術，卻忽略自己在半導體的背景，因而錯過轉型到數位照相的訊號。1990年代早期，IBM的執行長艾克斯（John Akers）也曾固守在大型主機的核心能力。他的繼任者葛斯納（Lou Gerstner）解開枷鎖，讓IBM從硬體重新聚焦在軟體與服務，於是形成新局面。會困住你的，不只是核心能力，通常經營多年的供應商與批發商關係已經成為成功關鍵，也會讓很多話題變成禁忌。英特爾與微軟互動密切，在全球建立穩固的個人電腦經銷體系，但也造成兩家業者錯過轉移到行動電話的機會。

無法培養新的核心能力

如果你不相信自己可以與過去切割，或是集中資源這樣做，就會很容易對目前的優勢緊抓不放，即使心裡可能有些焦慮。很多領導者缺乏培養新能力的經驗，或以為那是不可能的任務，但這正是某些創業家成功的原因，其中一個例子就是印度最大的基礎建設公司GMR。位在邦加羅爾的GMR，營收已經成長到100億美元，大部分都是因為進軍過去不了解、但卻能在其中建立能力的產業。該公司原來的強項是在銀行業，但領導者看到興建並經營電廠與之後機場的商機更大，該公司現在已經不待在銀行業了，而是把自己定位在與印度的經濟發展一起成長。但是，這條新路線走得並不順遂。2012年，由於印度政府所引起的政策不確定性，致使GMR發生現金週轉問題。政策混亂導致煤礦與天然氣取得困難，而且政府還拖延給付機場營運服務的款項。GMR從過度依賴政府中學到教訓，領導者現在正再度尋找新的成長機會。他們充滿信心，認為自身已發展的紀律與方法將會讓他們學到所需的核心能力。

落伍的關鍵人物

有時甚至在實際探索前，你就已經在潛意識中排除某些新路線，因為你知道自己最依賴的那些人並不具備相關的經驗與專門知識。舉例來說，一家傳統消費產品公司可能必須蛻變為數學機構，並且培養應用演算法的能力。如果引進相關專業知識並善加應用的速度不夠快速，就可能會限制公司未來的發展。此外，淘汰過去表現良好的人，換一批高薪的專家，以及必然會形成的衰退，兩者所產生的不安感受會讓你無所適從。沒有人會想要拋棄幫助自己成功的人，但是如果這種情緒影響你，而無法為公司應該何去何從有清楚的看法，這就會是一大障礙。這種心態的另一個變形是：妄想某個關鍵人物會改變。人的確可以學習，也確實在學習。問題是：他們調整得夠快嗎？現實冷酷地告訴瓊絲，有些人就是做不到。

關於人的障礙必須直接處理，不能讓他們擾亂你的思考。印度最大媒體與娛樂公司之一的Zee娛樂企業已經開始招募「數位原生世代」，並讓他們和在類比世界開創事業的高階主管並肩坐在一起，參與組織高層的決策。這個做法讓很多人感到震驚，但是董事長錢德拉（Subhash Chandra）希望在公司落伍前就做出改變。正如他曾說過的：「我們不要死後的生命，而是要在臨終前活得好好的。」他就是一個主動攻擊者。

恐懼

不管企業領導者對外表現出多麼堅定的信心，很多人還是有恐懼的心理障礙：害怕被看到犯錯、害怕出糗、害怕別人對自己的決定與行動有何反應，更常見的是害怕未知。面對不確定性時，這些日累月積的情緒就會宣洩而出。

當然，有時候恐懼可能具有建設性。英特爾的前執行長葛洛夫（Andy Grove）在《十倍速時代》（*Only the Paranoid Survive*）一書中提到，對於潛在的毀滅因素提高警覺，會使你敞開心胸並產生勇氣。葛洛夫把其中潛在的毀滅因素稱為「策略轉折點」（strategic inflection point），它會擾亂整個產業，而不只是你的公司。但是，如果讓潛意識的恐懼阻礙判斷，就會不知道該如何衡量商業風險程度。採取攻勢並不是要你在尚未設想清楚某個商業理論的可能後果時，就把公司當成賭注，但是它的確牽涉到承擔風險。有意識的正視內在恐懼，可以讓你把事情看得更正確、想得更有創意，行動也更能果決。

我經常走訪印度及其他新興市場，這些地方的法令與規則可能說變就變。例如，2000年代初期，很多的跡象顯示印度政府將允許外國保險業者對印度公司的持股上限從26%提高到49%，很多公司因此做了許多計畫。但是，26%的持股上限後來卻仍不動如山，一些外國公司如紐約人壽因此紛紛退出印度市場。然後在2014年，財政部長賈特里（Arun Jaitley）終於宣布持股上限提高到49%。同時，印度保險監管發展局（Insurance Regulatory and Development Authority, IRDA）在2013年3月頒布嚴厲的新法規，影響產品設計與保險金償付政策，而保險業者只有短短六個月可以重新思考策略。另外，在印度高等法院對於稅捐責任做出有利於沃達豐（Vodafone）這家電信公司的裁決後，印度立法機關倉促表決通過對沃達豐強徵溯及既往的數十億美元稅款。因為預期會有這些意外，人們心中充滿焦慮與恐懼也就不難理解。

有些領導者在心理上能夠調適，對這些無法預期的事就不會感到恐懼。沃達豐董事長與美克斯印度公司（Max India Ltd.）的創辦人暨董事長新恩（Analjit Singh）表示：「保持敏捷，並且對每分鐘的變化做出反應，就能提升領導團隊的韌性。」美克斯印度公司是一家位於新德里的企業集團，營收超過10億美元，旗下包含一家保險公司。「我和其他的領導者不一樣，我們對這些事早已司空見慣。我過去很長一段時間在美國，因此知道美國是一個勤奮工作的國家，很難找到一個每年休假十天至十五天的高階主管。但是，我們每一秒鐘都保持警覺。當美國開始起身時，我們也準備跟著行動。」

試圖忽略不確定性只會增加恐懼，並會引發不同的症狀，從退縮或脾氣失控，到封鎖壞消息與責備他人等。史戴摩里斯（Dean Stamoulis）是羅盛諮詢（Russell Reynolds Associates）這家高階主管獵才公司中全球領導與接班業務的主管，他觀察到恐懼和不安全感通常會形成受害者心理。「責備與合理化絕對是危險訊號。」他提及：「我看過最優秀的資深主管們都沒有發牢騷的跡象，這一點實在讓我大感振奮。在處理狀況時，他們都把它當成自己的事，顯示出他們能解決的擔當與信心，這就是在高度不確定性又模糊不清的情形中最需要的心態。責備是在不確定性中最無效的思考方式，也會損害和承受批評的支持者之間的關係。」

其中的啟示就是：要察覺自己的心理障礙，並迎接不確定性。你愈是深入其中、試著看見不確定性的來源，並且找出可以和別人討論的觀點，你就會愈有說服力與信心，最後反而會因為不確定性而充滿活力。

迴避反彈力量

我看過最常見的心理障礙，是想要逃避堅決推動重要改革時所引起的反彈與憤怒。假設你正面臨公司的轉變期，某個事業單位正在失血，你可能要裁撤它，就算有人不喜歡這個決定，但是他們不太可能挑戰你的決策根據。但是，如果你看見某件事正在成形，其他人尚未看到，而你想要轉移焦點與資源進行那件事，就可能會引起組織中的高層主管與自己團隊的不快；如果你是執行長，感到不悅的人還會包括董事會、投資人及幾個有影響力的直接部屬。如果你懷疑自己無法說服這麼多重要人士，可能就會擱置自己的想法。

這種擔心並不是沒有理由的。如果你的權力基礎很薄弱，公司內部又有強大的對手，想推動劇烈的改革，擺明是冒著引起強烈反對的風險。這種事屢見不鮮。有一位反對執行長策略方向的營運長，什麼事都不做，只是忙著和董事會建立關係，接著就讓大家知道他的不滿，並且提出另一條替代路線。某天早上，執行長與董事會見面，並在離開會議室前辭職，繼任的執行長就是原來的那個營運長。

如果能讓包括主管、員工、投資人、董事會及外部夥伴等和你站在同一陣線，就能舒緩你的不安。若你能協助他們培養和你一樣的攻擊者心態，就能爭取到他們的支持。不論任何規模的組織，都有大約2%的一小群人對其他98%的人有不成比例的影響力；我稱為「98/2法則」。不要小看這2%的人，他們買不買帳，會對哪些訊號該注意，以及哪些新想法會落實、禁止或加速，造成決定性的影響。練習聽取他們的觀察和意見，並分享你的看法，同時把你提議的路線具體化，把想法轉化成明確的優先事項與行動。如果你是執行長，與董事會和投資人洽談，協助他們看到你所看見的未來，就會形成參照標準並建立信任。同樣的方法也一樣適用於中階主管，他們也能把主管們帶往同一個方向。

勇氣從何而來？

察覺自己的心理障礙，並且不斷努力克服，就能自由思考，構思出一條新路線，但最終就是在考驗你的勇氣。你有沒有膽量做出很大的改變？理智上是一回事，有勇氣扣扳機又是另一回事。「欣賞複雜並用理智消化，是一種需要培養的技能。」史戴摩里斯說道：「但行動力是自信的反應，這不是行為冒失或莽撞，而是真正的自信，相信自己有解決問題並承擔後果的能力。當發生預期以外的事情時，自信是極其重要的。」

你必須內心堅強，盡可能的客觀觀察世界，徹底謹慎思考，並且根據所見採取行動，別當糊塗的人。1980年代，福斯的執行長哈恩（Carl Hahn）就是個特立獨行的人，他拓展事業，進軍新興市場，如中國、波蘭及墨西哥，而且為了在當地爭取客戶，培養製造與組織能力。當時他的行動大受抨擊，後來也遭到解僱，但他是有遠見的人，現在福斯是世界第一的汽車大廠，而中國與墨西哥則是這家公司的珍寶。

你永遠不可能完全消除不確定性。什麼都不做的本身就是風險，而且永遠會有你所不知道的未知出現。思考再怎麼縝密，還是會有你不知道的風險存在。然而，藉由精確標示特定的訊號來確認你的假設是對是錯，就能培養踏入未知領域的信心。當你知道有方法判斷行動的速度該多快、何時該調整或放棄這條路線，你就會覺得好一點。

舉例來說，試想你是銀行業者，正深入行動支付的未知領域。你已經從信用卡賺取高獲利率，在建立包含顧客、信用卡發卡機構、商家及交易處理商的生態系統時，也和一票已知的競爭者正面對抗很多年了。但是，現在網路與行動電話無所不在，而且人們可以用它做任何事。像是在非洲等地，銀行業的基礎設施幾乎還不存在，行動電話就取代了實體銀行；在先進國家，像PayPal這樣促進線上購物的公司如雨後春筍般出現，而其他像是Square這類的公司則是把行動電話變成電子錢包。從一個產業到另一個產業，新的業者持續出現，彼此也在不斷變化舞步。除了美國銀行、花旗集團與美國聯邦銀行以外，PayPal現在也成為信用卡發行商。而Square也是電子錢包供應商，競爭對手包括谷歌、PayPal、Softcard及MasterPass；它也是銷售點系統的供應商，如惠爾豐（Verifone）、安智（Igenico）、NCR與Shopkeep。行動電子錢包硬體供應商還包括蘋果、三星、索尼、博通（Broadcom）和義大利電信（Telecom Italia）。現在就連亞馬遜也跳進戰局，其他業者想必也會加入。

這些資訊已經足以推論，未來有一天信用卡公司一定會面臨結構不確定性的狀態。是銀行這些有硬體設備為基礎的業者，還是把支付系統設在雲端的業者，會有影響大眾接受數位錢包的優勢？消費者會喜歡多元化的選擇，或是感到無所適從？會不會出現最好的解決方案，而迫使大家整併？所謂的信用卡未來還會存在嗎？或是所有的交易都會電子化？重新轉型為數位公司的公司，有希望贏過天生的數位公司嗎？

為了駕御不確定性，你需要定義關鍵問題，並找到應該觀察的因素，找出答案。行動支付將會走向分裂或整併，如果這件事很重要，你就要仔細考慮有哪些因素會影響它的走向。密切注意多元選擇是否造成消費者的困惑或麻煩，業者是否會因此試著做出更好的協調，或是走向多元化，提供消費者喜歡的客製化服務？藉由注意消費者的行為，這些趨勢都是可以觀察的，也能給你一些提醒。同樣的，想知道行動支付會以硬體或雲端為主，就要仔細思考資料安全這個影響因素。技術的發展是否能保護消費者在雲端的資訊，或是層出不窮的安全問題會影響消費者的信心？非常值得注意的是，蘋果在2014年9月推出ApplePay行動電子錢包時，已經整合出成形中的生態系統，約有包括全食超市（Whole Foods）、耐吉及華爾格林（Walgreens）在內的二十二萬家零售商，以及一個指紋感應器。下一步將會發展出什麼安全標準呢？

藉由解答未知而獲得信心，特別是在消費者經驗方面，樂高集團（LEGO Group）是一個很好的例子。2012年，這家丹麥玩具商規劃了進軍亞洲市場的重要計畫，執行長納斯托普（Jørgen Vig Knudstorp）及團隊在討論具體問題時，會不斷挖掘出沒有明確答案的問題[10]。他們不會坐等答案送上門來，他們讓自己沉浸在這些未知裡，以求更理解這些未知。這些不確定的事物可以劃分為三大類：市場會如何認知這項產品、如何銷售與配送，以及政府法規。於是，他們分成三組，深入調查每個領域的問題，並提出可能的發展路徑。

一個沒有答案的問題是：亞洲消費者是否會在乎品牌？樂高在世界上很多地方是高知名度的高品質產品，但是在亞洲卻較不具知名度。中國消費者可能會把塑膠積木當成一般商品，只根據價格做購買決策。他們對於如何行銷這個產品，並不是很清楚。樂高一般被認為具有教育價值，因此很受到家長歡迎。但是研究發現，雖然亞洲家長很重視教育，但他們預期玩具就是為了玩樂。此外，樂高也會根據剛發行的電影主題發行產品。成功的搭售活動在不同市場之間的變化很大，大約有30%的差異。全球性的主題在中國會成功嗎？

而樂高的銷售與配送也有很多問題。中國市場大部分還是小型零售業者，但是大型賣場也慢慢上路了。哪一種型態會流行？小型零售業者最關心利潤，大型零售業者要的是存貨管理與週轉率。另外，關於法規的最大問題是，在不同國家或各種法規間是否有共通性可以遵循？例如，越南對包裝的寬鬆空間比例有特殊規定，因此需要特別為這個國家重新設計。

把這些問題各自獨立，並且評估兩種方向可能發展的速度，就可以做為經營的參考。針對某些變化很慢、不太可能發生的事，如喪失高價的訂價權，團隊採取「觀望」態度；但是，遇到要在哪裡生產，以及如果樂高最終在中國失敗的問題，他們就必須快速行動。答案是：創造彈性的製造平台，同時為現有產品開發出方便的流程。至於市場接受度的不確定性，樂高決定進行更多研究並雇用更多當地人。總之，由於願意全力解決不確定性，公司就能更了解它，因應時也更有準備。

就如同我們所看到的，心態並非固定不變，而是可以轉變的，因此要打開心靈之路，才能在不確定性的狀態中看見機會。下一章介紹的凱薩醫療機構（Kaiser Permanente）前執行長赫佛森（George Halvorson）就是這麼做的，儘管醫療保健業裡充斥大量的不確定性，他仍然選擇主動出擊。

第11章

走過混亂之路

凱薩醫療機構的故事

2000年代初期，就算不是天才也能察覺到醫療保健產業即將發生變化，只是對不同業者來說，變化會有多劇烈、將以何種方式呈現，以及其中的意義，卻是渾沌不明。整個產業裡摻雜著諸如連鎖醫院與保險業者（營收高達800億美元）這類非常大型的業者，以及獨立開業醫生這種小型業者，各自都是獨立運作，每種類型處理特定的醫療問題，和其他的業者毫無關聯。在這個產業裡，顯然無法看見完整端至端的消費者體驗，在這個例子中指的就是病患。醫療產業的資訊管理也很糟糕，醫療紀錄是用紙張保存在不同的醫療地點，所以當病患轉院時，醫療紀錄並不會跟著移轉。想要根據不同醫療部門的資訊來找到改善治療的機會，是一件不可能的任務。醫療費用正在逐步成長，也是一大隱憂。這個產業裡裡外外的人，包括美國國會議員在內，開始討論限額分配的醫療觀念，雖然聽起來令人很不愉快，卻可能是唯一的可行之道。

這就是2002年的情形，赫佛森在這一年成為凱薩醫療機構的執行長。凱薩醫療機構是位於加州的一家健康保險公司，同時經營數家診所與社區醫院。赫佛森看待事情的角度與眾不同。很多同業似乎都接受限額分配的未來，卻又很希望能拖延這件事的發生，但是他卻看到一個新的選擇。為什麼不重新整頓醫療保健產業，也就是利用資訊科技來整合訊息，然後藉此找到改善成本和品質的方法？儘管美國醫療保健產業從過去到現在一直都在改變，赫佛森仍決定主動出擊。在過程中，他藉由分享觀念並協助形成政府政策，最後為公司及其他很多業者釐清許多事情。

對赫佛森來說，限額分配是很不合理的事。其一是因為這件事會讓未來前景黯淡，不符合醫療保建業者的理想使命；其二是因為在他的前一份職務中，他已經看到連結診所與醫院的好處。他先前擔任健康夥伴（Health Partners）的主管，它位於明尼蘇達州，是一個20億美元的健康計畫與照護組織。「限額分配對我們這一行和病患來說都是很糟糕的。」赫佛森解釋道：「我知道還有更好的做法，因為我很幸運在先前曾經營過一個模式，我們同時擁有診所與醫院，因此可以利用各個機構裡的資訊來追蹤事情的進展。例如，我們可以聚焦在罹患糖尿病與併發症的病患，藉由積極的團隊照護，可以大幅降低腎衰竭的比例，而這是很難靠紙張記錄的資料做到的。」

由於赫佛森在明尼蘇達州的經驗，加上他自己也撰書提及對醫療保健的思考，因此凱薩醫療機構董事會聘用他時，就已經對他有所期待。赫佛森有一個直覺的想法：更好的資訊與正確的用途就代表更好的醫療。他也相信，追蹤醫療的結果和過程能促進醫療安全。例如，他已經發現，即使醫生與護士都很有道德感、很會照顧人，也很有能力，但是病患在醫院內遭受感染，包括致命的敗血病，卻並不罕見。由於在大部分的醫療機構裡，追蹤敗血症問題與根源的資料很少，敗血症一直是美國醫院裡的第一大死因。另外，各個醫院只專注發生在自己院內的事，缺乏動機去思考病患整個連續的醫療措施。例如，醫院每次治療一個氣喘的小孩就能收到費用，但是醫院只會改善孩子在院內期間的醫療。對醫院來說，沒有理由去了解之前發生的事，像是什麼環境會引發氣喘發病，以及可能預防發病的原因。

赫佛森加入凱薩醫療機構時，該公司就像健康夥伴一樣屬於整合型的醫療機構，在整個醫療保健產業鏈中的很多部分都有諸多事業。不過，如果說這些部分都完全連結在一起，卻也是言過其實。凱薩醫療機構還是有很多的營運地點與醫療部門。事實上，凱薩醫療機構擁有超過四十個工會、八個基本的醫療群，還有各式各樣的醫療階層和醫療地點。每個地理上的據點都有自己的品牌與廣告活動，而且每家最新興建完成的醫院和主要醫療中心都有最新、最優異的會計系統，整個集團總共有超過一百二十五種會計系統。總公司想要簡單的月底財務資訊時，要花費一個半月的時間才能拿到。在赫佛森的評估中，凱薩醫療機構的醫療只能說是「不錯」，但卻還不夠好；成本必須改善，服務水準也不一致，有時候企業形象也不好，部分原因是出在這家公司有時會出庭爭取某些讓病患感覺不舒服的事。

赫佛森的改革

赫佛森是一個催化者，他為凱薩醫療機構設想出一條新路線，這條路打破習以為常的作業方式，並以整合所有單位的資訊為基礎，不只是蒐集資訊而已。「我可以看見這個世界即將改變，但我不想只是等著看這些改變會對我們造成什麼影響。」赫佛森解釋道：「我們需要團隊醫療，我們需要以病患為基礎的醫療。我認為，如果我們可以率先做到，我們就會取得勝利，當然我們的病患也會是贏家。」

赫佛森已經準備好主動出擊，但是組織不會自然而然就接受這件事。凱薩醫療機構的員工和醫療保健產業裡的其他人沒有什麼不同，都會對未來感到不確定與焦慮。有些人猜想醫療保健產業可能的發展方向，新發展是否會讓凱薩醫療機構落伍？凱薩醫療機構會是未來的一部分，還是會困在過去？至於其他組織則出售它們被認為雷同的產品，並且展開激烈競爭，試圖把凱薩醫療機構趕出場外。不同組織單位的主管還是埋頭苦幹，專心於內部營運，不關心外部的議題與未來。在凱薩醫療機構目前的信念與行為，和改善醫療的目標之間，赫佛森看到一種關聯，那就是：改善醫療必須憑藉著資料，資料要憑藉著信任，而信任則必須經由透明化才能形成。接著，他開始建立一套資訊系統，打造能達成最終目標的文化。

新舊系統的兩難

赫佛森正式上任之前，就已先拜訪員工、主要買受商、採購商及其他人。2002年就任執行長時，他立刻全力以赴。上任不久後，他就前往位於夏威夷的凱薩醫療機構事業單位拜訪，因為那裡剛剛建置一套公司自行研發的電子病歷資訊系統。這套系統是由一群優秀的人員所建立，也耗費許多金錢。但是在運作兩天後，赫佛森就認為這套系統嚴重缺乏凱薩醫療機構需要的必要功能。「這套系統無法執行幾件關鍵事務，」他說道：「我知道如果照原設計推出這套系統，有可能會造成重大損害，並且使進度延後很多年。」要中止這套在當時已經花費4億美元的系統，光是想就令人卻步，而這樣做也會留下很大的缺口。

回到美國本土後，赫佛森召集一個幾乎全由醫生組成的七十人任務小組來填補這個缺口。他請他們確認理想系統應有的功能，並且查看世界上的每一套系統，卻找不到領先者。「如果必要的話，從全世界最好的公司請來最好的顧問。」赫佛森告訴他們：「錢不是問題，我們必須找到符合需求的最佳方案。」此舉達成兩件事：第一，在看過不同的系統建置商後，最後篩選出一個選擇，就是位於威斯康辛州麥迪遜的EPIC系統公司；第二，獲得很多內部支持。另一個附加好處則是，內部評估團隊成員從比較眾多的系統中都得到個人學習的機會。

一個潛在的問題是，他們選擇的系統與整個系統的重建與連結的專案費用高達40億美元，這是全世界企業在資訊系統前所未見的最高投資金額。凱薩醫療機構董事會過去已經習慣批准「大筆」開銷，約莫是在2億至4億美元，但兩者簡直就是小巫見大巫。然而，赫佛森並未因此退縮。「我告訴他們，我們必須破釜沉舟、孤注一擲，我帶著他們理解其中的道理，所以他們能理解，如果不做的話，未來會很艱辛；如果做了，卻做得很糟糕，未來一樣會失敗。但是，如果把有關醫療的每件事都電腦化，並且做得很好，就能先發制人，能讓我們很長一段時間都能位居領先。這個工具能發揮極大的力量。我告訴董事會，一旦擁有這個系統，就像是擁有網際網路，可望發現過去所不知道的事。」

這項高投資的賭注引起董事會的注意，某位剛剛被聘任的董事在第一次參加的董事會議上，聽到赫佛森「破釜沉舟」的演說，後來告訴赫佛森道：「回家後，我一整夜沒睡。」董事會最後核准這項投資案，凱薩醫療機構全力邁向新路線，並成為完全電腦化與無紙化的醫療體系，所有醫療人員都能立刻取得病患的資料。

新系統的推行

導入這套系統當然也是一項重責大任，全靠對的領導者。赫佛森挑選了梁露絲（Louise Liang），她在醫療領域曾擔任不同的主管工作，也非常了解品質改善的問題。她一絲不苟、能與人合作、做事井然有序、會實際動手執行，並且速度很快，就像赫佛森所說的，她有辦法讓一切步上軌道。更重要的是，她本身也是醫師而非技術人員，因此受到其他醫師的敬重，也對優質的醫療問題十分敏銳。她的直屬上司就是赫佛森，職權也高過現有的資訊部門，因此賦予她足夠的力量清除所有組織或財務上的障礙。透過大量的努力與高度紀律的監督，這套系統準時完成，並符合預算。

與此同時，持續改善的動力與整合資訊的推力，讓凱薩醫療機構在瞄準一個又一個問題時，也展現良好成果。極少數的醫療保健組織會真正致力於持續改善，為醫療技術灌注資料專業與流程設計技巧。赫佛森做到了，他強力支持持續改善醫療行為的模式。例如，在2008年，醫療團隊設定降低敗血症死亡率的目標，希望在明年能把病患因感染造成的死亡率從25%降到20%。

他們花費數個月才把正確的元素做到位。要有正確的網路資訊流，就要處理每個醫療據點的文化問題，這樣大家才能放心把一家又一家醫院的資訊透明化，並形成共同的衡量標準和分享流程。有些人抱持著懷疑態度，但是有些人則表示：如果我們明年能做到，為什麼不現在就做？一旦持續改善所需的各個元素都到位，就會馬力全開了。幾家醫院開始比較彼此的數字，並且更注意敗血症是如何與何時被治療的，而對照較低的比例，兩者又有什麼不同？從流程改善的演練中得到的洞見，大幅縮短檢驗結果的等待時間，以及按處方配藥的時間更快速的治療是降低感染敗血病死亡率的最佳方法。因為大家手上都有資料，檢測室裡做了一些看起來很小的改變，醫院藥局也加快速度。結果令人大為振奮，凱薩醫療機構體系下幾家醫院的敗血症死亡率從25%下降到目標的20%，而且之後仍繼續下降。兩年後降低到10%，到了2013年更是達到10%以下，也許是全美最低的。

改革的成果

資料開啟探索的新方法，在治療愛滋病毒、充血性心臟衰竭、氣喘與中風患者也展現傲人的成果。愛滋病患的死亡率下降到全美平均的一半。由於有全新而廣泛的資訊流，研究也從死亡的中風患者得到重大發現。研究發現，病患在中風後若是能得到醫院提供的降血脂藥，死亡率會比沒有用藥的人低（6%比11%）。沒有人會想到降血脂藥對中風患者是攸關生死的治療方式，但是從凱薩醫療機構裡數百萬名病患的電子資料中顯示，有沒有使用降血脂藥的差別很大。

凱薩醫療機構決定和醫療保健領域的其他同業分享發現的成果與方法。過去凱薩醫療機構每年會在正式的醫學期刊上發表約三百份的研究報告，現在發表量更是急速增加，2013年發表將近一千五百份。「我們希望醫療業為了進步而競爭，所以我們決定讓每個人都參與。」赫佛森表示：「我們把我們的愛滋病作業規範公開，而且免費提供，所以每一個在美國醫療產業的人都能取得，也可以使用。」

資料取得與流程改善所帶來的良好成果，提升凱薩醫療機構的聲譽。當這套新系統到位並發揮全部功能時，J.D. Power市調公司、消費者報告（Consumer Reports）及美國聯邦醫療保險（Medicare），都把凱薩醫療機構的計畫評選為第一名。但是，這些成就的重要性遠遠超越對凱薩醫療機構本身的意義。這證明改善醫療措施的處理與有效性，會比限額分配來得更好。這個認知也改變華盛頓當局相關醫療保健的議程。赫佛森甚至參與協助擬定平價醫療法案，他說：「我們寧願在正確的方向上協助協調華盛頓當局的行動，而不只是被動因應他們的行動。我們從事醫療業，所以可以提供很多如何改善醫療保健的經驗。這些都是很好的資訊，可以分享給管理醫療保健產業的人。我們做的事情很顯然成功了，所以我們對於要做什麼就會有很大的影響力。」

自從（有些人可能會說「因為」）平價醫療法案通過之後，醫療保健產業裡的市場結構與競爭態勢仍然在變化中，因為不同的業者都想要決定競爭的戰場與方法。赫佛森毫不畏懼，「我們建立的是，在整合的方式下以系統、數據、科學為基礎的醫療。如果我們沒有做這場豪賭，投資這套系統，並讓它上線運作，我們就和其他的業者一樣，然後未來就會對我們強力施壓。你無法一直事先預測這個世界，但是有時候你可以率先打造這個世界。我們一直以來都是如此。」赫佛森真是個不折不扣的攻擊者。

赫佛森把不確定性視為對領導者的召喚，不只是針對自己的公司，也針對整個醫療保健產業，並在其中看到機會。他自己對於何謂理想的醫療，有明確而具體的見解，並且有勇氣為公司設定路線，同時和他需要一起參與的人明確溝通，包括政府人士。在不確定性中找出一條路，似乎是寂寞的任務，但是最終卻牽涉很多人的參與。下一章會說明如何讓組織準備好利用不確定性轉移到新路線，並在變化中的世界進行持續調整。一開始會介紹一個強而有力的管理工具，能讓任何組織的行動更敏捷。

第三部觀念提要

- ✓ 你是否察覺到你的核心能力、競爭優勢及核心事業的定義，有效期限正在縮短？你一年是否至少會問四次：我可以利用什麼新技術創造新的需求，或是提供顧客或消費者更吸引人的體驗？
- ✓ 你對端至端消費者體驗的認識有多透徹？你已經找出接觸點了嗎？你是否親自觀察消費者？是否練習發揮想像力，根據你的觀察與洞見，找出新的發展軌道？
- ✓ 你有沒有自學新的數位科技與演算法的應用？你的團隊是否也在學習嗎？你是否注意到有數位公司進入你的市場？是否經常思考並討論如何利用數位科技為公司轉型？是否經常和人談論這類專門知識？
- ✓ 是否密切注意新的獲利成長機會？
- ✓ 人性天生會回到舒適與已知的領域，你是否很有警覺心？心理障礙和恐懼會阻礙人們看見新的機會，你有多了解這件事？是否試著克服自己的心理不安，冒險進入新領域？對於充分想過但並未造成風行的事，是否願意採取行動？

✓ 即使有些變數仍不確定，是否願意快速採取行動？

第四部

敏捷應變

第12章

聯合作業會議

試想我和你、你的同事已經開會好幾個小時了，我們一直在討論我的想法，我想要提升你們的能力，讓你們能比別人更早看出路上的大轉彎，並且主動打造全新的未來。每個人都點頭表示同意。我希望大家不是出於禮貌而已。但是，我也感受到周遭充斥著一股不安的情緒，你的同事瑪麗打破沉默，率先說明原因。

「夏藍，」她說：「這個想法很棒也很好，但是在相當嚴苛的條件下，我們都有目標要達成，而且我們受困於每季與每年都有不能妥協的預算限制，毫無轉圜的餘地。如果執行長無法達成這些數字，就會被華爾街、董事會及媒體強烈抨擊，而我們的保證就是要達到這些數字。我們唯一可以合理調整事情的時機就是遇到生產危機，或是損失重要客戶，或是重要的供應商出狀況時。所以，我們根本忙到無法留意路上的大轉彎，或是預測可以做什麼以改變遊戲規則。」

瑪麗激動的陳述這些問題時，換我不斷的點頭同意。我以前就聽過這些話了，而且時常聽到。每家公司都有預算程序，每年一開始數字就訂死了，好像現實世界從1月1日到12月31日都是固定不變的。就像大部分的其他公司一樣，關於誰擁有較多或較少資源，這家公司也是一年決定一次，所以嚴格的時間期限早已決定。季度目標、年度目標也是一樣。如果期間發生重大的變化，也無法調整，幾乎所有的公司都有這種嚴格的時間表。

「即使有資源，也沒有動機這麼做。」瑪麗繼續指出：「例如，麥特看到一個路上的大轉彎，構思出很出色的策略來因應，但是若要執行這個策略，就會影響他這一年的數字表現，連帶影響他的目標、紅利及任何升遷的機會。」她轉向麥特問道：「這是你想承擔的風險嗎？」麥特幾乎是出於直覺的回答道：「不想。」瑪麗轉頭看向我道：「所以我們能怎麼辦？我們可能很有彈性，但是當組織嚴格要求我們時，我們怎麼可能根據看到的機會行動呢？而且，就這件事來說，組織要保持敏捷與彈性到底是什麼意思？」

瑪麗的確點出一個棘手的問題：知道外部環境永遠在變化是一回事，要領導者調整每天的工作來因應這些改變又是另一回事。然而，要確保組織保持重要性，強化主動出擊能力卻是唯一的方法。領導者必須引領組織即時因應，掌控不確定性，除此之外，他們別無選擇。

組織要具有「操控性」，或夠敏捷到能迅速改變方向，就要簡化與外部環境的速度和特性的連結[11]。這表示必須打破通常會限制組織調整的核心僵固（core rigidity）：凡事必須經過很多層級、冗長的決策程序；傳達給決策者的訊息通常是緩慢、過濾的、已按順序加工的資訊；各自為政的主管視野狹隘又有本位主義，總有不能解決的歧見；預算與關鍵績效指標，以及與此相關的工作誘因等，這些基本上會固定一年或更久；而且人員的工作任務也不會改變。

我希望給瑪麗一點希望，因此我建議一種可以打破組織僵固性，讓組織因應外部環境變化的方法：聯合作業會議。這是沃爾頓在沃爾瑪早期時就發展的方法，賈伯斯也嚴格執行，穆拉利（Alan Mulally）在福特汽車那場亮眼的逆轉勝，也是採用這個方法。想要整合並操控組織的資源，聯合作業會議是我看過威力最強大的機制。

但是，瑪麗很懷疑，「夏藍，你是說還要召開另一個會議嗎？」她問道：「我們的會議已經一大堆了！」我回答她道：「是的，這個會議必須大家一起面對面，但是在很多關鍵點上卻和其他會議不一樣。大家要練習像團隊一樣工作，找出機會並解決問題，而個人的優先工作、資源，以及像是預算與關鍵績效指標等其他事項，都可以當場進行調整。只要大家熟悉這種機制的節奏，就會喜歡、想要它，而且大家會覺得充滿活力。」我接著解釋這些重要的差異。

不只是另一個會議

每週的員工會議與每個月的績效評估會議，是員工共同合作的剋星。這些會議通常很無趣、浪費時間、讓人精疲力盡，甚至還會讓人感到恐懼。仔細思考一般的企業評估會議，開會焦點通常是上一段期間的成果。老闆常常為了彰顯權力，會特別點名沒有達成目標的人，嚴加盤問。這種會議很少做到教導，很少人可以從中學到東西。領導者並不關心這種會議對員工士氣、專注力或共同合作的能力所造成的影響。結果就是：員工參加這種會議時，焦慮又有防衛心理；散會時則覺得尷尬而虛脫。

聯合作業會議的效果卻完全相反。這種會議的前提是認為，當資訊在同一個時間透明呈現在團隊中的每個人面前時，大家就能對整體大局形成共同的見解，就會比較願意、也比較有條件進行自發性的取捨與調整。人們可以做決定、突破瓶頸、感到活力十足，組織也能達到成果。這證實是非常成功的方法，能凝聚團隊，並且把整個團隊導向新路線。

聯合作業會議要如何發揮功效，我將舉出三個不同產業的例子做為說明。穆拉利憑藉聯合作業會議翻轉福特汽車的高層團隊。赫德莉（化名）是一家大型金融公司某事業單位的執行長，她在金融危機後運用類似的方法，利用數位科技與消費者行為的改變，讓公司的領先地位又往前跨出一大步。默克（Merck）的醫院與特殊照護事業總裁加萊奧塔（Jay Galeota，現在是默克的策略與事業開發長，以及新興事業總裁），在競爭態勢對公司不利時，運用聯合作業會議把組織轉往不同的發展路線。在詳細介紹這些例子之前，我先總結你將會看到的原則：

- 聯合作業會議必須納入工作彼此高度相關的所有人，也就是這些人的目標、優先工作、資訊及產出會相互影響。如果需要某些人的觀點或專門知識時，也會邀請他們參與會議，但是核心團隊經常聚集在一起就能達到最大的效益；一週一次是滿常見的。要駕馭一個組織，最重要的團隊就是執行長及其直接部屬。至少一開始要強制出席，所有成員才能一起練習。

- 透明原則。所有成員要針對自己的五到十個最重要任務，提出進度報告，並分為三種評估等級：良好、不佳，以及很糟。工作狀態儀表板（dashboard）上要清楚顯示，哪些任務達成目標（標示為綠色）、哪些任務遇到困難（標示為黃色），以及哪些任務完全沒有進展（標示為紅色）。因此，大家針對現實狀況就有共同的畫面，每個人都可以看到問題在哪裡。提出資訊時，要不顧情面的誠實以對，並且完全開放，這是動員組織並讓它快速運作的重點。坦率會變成大家的習慣，過去不習慣這樣做的人也一定會變得如此；因為他們若不改變行為，就要離開這裡。

- 團隊成員的焦點集中在問題的根源，並協助當事人解決問題。當然，這和傳統會議常迫使人變得極度自我防衛的情況正好完全相反。但是，團隊成員需要很多次的練習才能出於自發提供協助，而這也是第一個指標，表示各自為政的僵固性已經被打破，組織也變得敏捷。

- 透明化讓大家得以看到，決策會如何影響公司的每個部門，以及共同的目標。如果某個人的目標達成率降低，其他人就必須提高，如此一來，身為一個整體的團隊還是能達到整體的目標。如果某個人的優先任務改變，資源也必須跟著轉移。這些取捨與調整都能當場完成，而且每個人都了解其中原委。例如，景氣好時可能有機會銷售較高價的產品，但是推出並行銷產品的額外開銷就必須從公司的其他部門提撥。透明化讓事實而不是辦公室政治主導，所以每個人都願意自發性提供資源與人力，以達成團隊認為最重要的目標和優先工作。衝突看得見，也可以解決。

- 會議討論也包括觀察外部環境正在發生的事，以及對公司可能造成的影響。成員提出各自的觀點，但是整合成一個共同的看法，這會刺激大家心生改變行為的急迫感。

- 由於每週都能看到整體的進展，也知道障礙何在，團隊成員在帶領各自的部門時也會做得更好。

聯合作業會議的頻率會影響大家的行為與態度。試想一支棒球常勝軍，如何在比賽進行時讓球員維持同步：球員經由場上的練習培養同步能力；主管團隊也是一樣的道理。藉由不斷重複，協同合作會成為例行公事，這種行為也會轉移到公司的其他部分。不只決策與調整在聯合作業會議時做得更快，整個組織行動的速度都會提高。喜歡獨立行事且保留資訊的人，通常會屈服於同儕壓力，不然就會離開。

面對現實狀況時，更好、更快的調整能力，顯然會提升你與其他公司抗衡的優勢。比較不明顯的是，聯合作業會擴展部門主管的思考能力，也能儲備他們成為如負責損益的主管、總經理或執行長等重要角色。

聯合作業會議看似占用高階主管大量的時間，但其實是讓他們得到解脫，因為他們不必事先計畫、不必準備冗長的PowerPoint簡報，以求在被拷問時靠著簡報脫身。聯合作業會議也讓大家的心理得到解脫。更微妙、更深刻且重要的是，因為競爭心理而隱藏資訊的傾向，會被透明與分享的協同合作帶來的明確利益所取代。我一再看到，只要聯合作業會議的節奏主導一切，通常大約運作六次後，人們就會變得比較沒有私心，因為他們看到共同合作達成團隊目標的成果。當下一個階層也開始這樣做時，組織就會變得更敏銳。

沃爾頓的聯合作業會議

沃爾頓把聯合作業會議當成核心的管理機制，將各店經理、物流人員、廣告人員及採購人員等關鍵人物集合在一起，大家像團隊一樣工作，以確保沃爾瑪能達成提供最低價的任務（在初期，他們每天都見面，組織變大後，頻率才改成每週一次）。他們只集中在少數問題上：什麼是顧客想要而我們卻沒有的？店裡賣不出去的東西是不是太多？現有產品的價格和競爭同業相比如何？（與會人員會到競爭對手的店裡取得這些資訊。）還有非常值得注意的是，有多少顧客進入店內卻並未購買任何東西？因為我曾在印度家裡開設的鞋店工作很多年，我認為這些都是非常具備洞察力的問題，這或許能解釋為什麼沃爾頓會如此成功。

在這些會議中，所有的關鍵人員一起參與，讓沃爾瑪可以行動敏捷，能夠快速回應消費者隨時改變的需求。每天都這樣做，就能當場快速解決衝突並做出決定。舉例來說，如果店裡少了毛衣，某個採購人員就會自動在四個工作天內補貨。會議室裡的每個人對顧客與競爭者的行為都有敏銳的認識，他們的心態也變成由外向內看。由於觀看的是公司整體，每個人都和沃爾頓一起成長，成為視野更寬廣的思考者。雖然個人的責任並未消失，但是協同合作已經成為他們DNA的一部分。公司的營運成果當然隨之而來：由於能快速在店內放入對的商品，沃爾瑪當時擁有業界最高的存貨週轉率，以及每平方英尺銷售金額。

賈伯斯在1997年重回蘋果擔任執行長時，也設立類似的機制，他是在皮克斯（Pixar）任職期間學習到的。賈伯斯極為讚賞皮克斯的執行長卡特穆爾（Ed Catmull），他每天的例行作業是，每個為動畫電影繪圖的人都要在當天結束前把圖上傳網路。隔天一早，卡特穆爾與創意長拉賽特（John Lasseter）會評估這些作品，並鼓勵其他的藝術家評論。我認為是這個激烈的過程促成皮克斯連續取得十四次的票房成功，就像連續贏得奧運金牌一樣。

賈伯斯在蘋果每週一早上會召開四小時的會議，彼此工作互有關聯的人要共同討論一個或更多產品。有時這個團隊會加入從台灣與中國搭機前來的供應商。賈伯斯要會議室裡的每個人同時聆聽每一則訊息，他相信這樣產生的對話與論辯能促成更好的整合。的確，這種做法讓非常自我的專家也能支持對產品最好的決定，而不只是對各自最好的決定。

金融業的聯合作業會議

2009年，赫德莉成為多空投資集團（化名）財富管理事業的執行長，當時顧客還能感受到金融崩潰的餘波，因而願意為金融公司的可靠性多付點錢。多空投資集團的品牌強大，擁有良好的服務口碑，也沒有很多金融業有的問題。

赫德莉及其團隊看見獲得新生意的契機，但要全然成功，組織也必須快速反應，這表示總公司經營財富管理的人，以及實際與客戶互動的人，兩者之間的關係必須簡化。他們非常理解，所謂端至端的顧客體驗在顧客第一次交易前就已經開始（如藉由廣告產生互動），而且只有在顧客離開這家公司後才算結束。在金融業，這可能會是一段很長的時間，公司與顧客的關係可能會持續到顧客的終身，甚至更久，延續到下一代。他們也知道，最好的顧客體驗是整合式的，也就是所有公司內部的作業都要協調同步，而這些對顧客來說都是無形的。

赫德莉及其團隊有系統地檢查顧客體驗的所有環節與元素，並尋求能讓他們成為業界第一的加強方法。他們知道可以善用多空投資集團卓越的文化DNA，也就是員工為顧客做對的事會感到自豪。他們也發現，最卓越的顧客體驗取決於業界第一的員工經驗，就是對直接服務顧客的員工之滿意度。員工的態度會大幅影響顧客滿意度，結果和滿意的顧客培養的長期關係，也會對員工形成激勵。

由於赫德莉是組織中的新人，所以她必須深入而快速的學習顧客體驗，當周遭世界改變時，發現顧客的新需求、對顧客與同事都有幫助的改善事項，還有可以在新商機中應用的成功做法。她頻繁到全國各地出差，以便和顧客與第一線員工見面，並取得第一手資訊。在早期一次差旅中，處理顧客電話中心的主管給她一份特別的禮物：一個錄製二十小時顧客來電內容的iPod。她仔細聆聽每一分鐘的內容（每個月聽二十小時的習慣，仍持續到現在），以掌握顧客體驗的脈動，並且希望聽出可以改善的微妙線索。

在每一次對話中，她會迫使大家說出真心話。「速度很重要，」她解釋道：「而速度的一部分就是快速得到坦率的回應。」大家談話自然想保持禮貌，但是我們必須突破這一點，才不會浪費時間猜想大家真正想說的事。我們想要他們未經過濾的想法，即使會讓我們大吃一驚。」

有關團隊必須共同解決的事，赫德莉也想要搭起現場員工與總公司之間的橋梁。她召開高層會議，來自現場的工作團隊會被帶到總公司，親自說出他們關心的事，而高層基本上就是坐著聆聽兩天。

她鼓勵大家不要寫小抄，並且直接提問，因為她認為：「當你直接詢問問題時，回答的人是給誠實的答案或只是基於禮貌，就很容易能看得出來。」有一次，赫德莉察覺到某個現場經理語帶保留，就詢問對方是否有什麼顧忌。現場經理環顧四周，猶豫著是否應該誠實表達，但是他又想：「我真的想改善這個地方，所以就冒險一下吧！」他提到現在遭遇分公司辦公室與地區總部互動的問題，這是敏感的組織議題，資深團隊也認為很真實。在每一次高層會議結束前，高階團隊和與會者一起檢視所有提出的問題，並且針對優先順序與解決方式做決定。

為了擴大視野，赫德莉派遣來自分公司、地區總部的人，到美國各地已知做到世界級顧客體驗的地方考察，如迪士尼樂園與麗思卡爾頓飯店，以及歐洲和亞洲各式各樣的公司。另外，為了保持現場與總公司的資訊流通，她帶領分公司的人到總公司進行暫時性的任務，一次為期六個月。同時也推出公司內部的社群網站，目的是為了蒐集來自現場工作人員未經過濾的意見。還有一個稱為「顧客大使之聲」的計畫，全國各地的人員要負責蒐集顧客提出的問題，並建議如何解決。

2009年，團隊一共成立四十五個工作小組，每個小組都和顧客或同事體驗的特定面向有關。有些工作小組和新的商機與服務有關；其他工作小組則是為了讓顧客或同事體驗一路順暢，並且清除路上的障礙。各個在組織中各自為政的單位，都必須完成端至端作業評估。

由於整個組織互相關聯、潛在變化的深度，以及對速度的需求，這些工作小組的運作方式和傳統程序完全不同。「當我們開始提出看到的機會時，就必須經常確認，計畫裡哪些事行得通、哪些事行不通，我們要一路持續修正。」赫德莉說明道：「我們必須知道正在發生的真實故事，才能立刻採取行動，繼續前進。我們必須經常碰面，才能進行中途的修正，而且用最新取得的資訊做決策。不斷溝通、對決策的支持，以及我們的運作速度，都會因為這個架構的節奏、明確與紀律，而出現大幅改善。在文化上展現高階管理階層對改革的決心，還有對細節的專注，也十分重要。」

赫德莉在每週五下午召開聯合作業會議（但她並不是用這個名稱）。在會議中，團隊一起做決策、進行資源與人力的調度取捨、改變某些作業上的優先事項，並對進度和路上的障礙勾勒出完整概觀。每週一次的頻率讓團隊的每個成員都養成急迫感。她挑選的日子與時間都具有目的，「我告訴他們，我會待到任何需要的時間，不管是兩小時、五小時，或是一整晚。我非常清楚，這會讓大家週末時過得很焦慮。」

「我的重點是，讓這些會議召開得夠頻繁，大家就沒有時間準備每次的簡報檔，他們反而可以直接流露出真實的想法。簡短的聯合作業會議時間也會形成快節奏，讓我們行動更果決、更快速。」

當人們習慣這些會議時，大家常切入重點，並且很快進行必須採取的行動。他們發現，不必花費很多時間準備會議，也不必做簡報檔與預先演練，他們因此有時間完成專案。這些參加會議的主管的直接部屬也因此有了更多時間。

2010年，改革開始主導並促成一些進展，赫德莉與團隊的注意力轉往其他重要的機會。科技對市場有很深遠的意義，不管是做為產品本身，或是做為改善整體顧客體驗的憑藉。這一年，第一個iPad上市，亞馬遜、奈飛（Netflix）、谷歌及臉書都以全新的方式與消費者互動。多空投資集團是赫赫有名的創新領導者，在科技層面也是，為什麼不能利用數位力量、大數據和分析法，讓顧客體驗登上全新的層次？

於是，赫德莉開始雇用如數據分析、資訊技術結構、演算法及市場區隔科學等領域的專家。資深團隊和這些專家一起找出可能會對顧客造成重大衝擊的十個科技相關活動，像是利用大數據重新區隔市場、加強公司的網頁呈現、利用數據與演算法形成更個人化的顧客體驗、推出各種數位應用程式，並更新公司的電話聯絡中心。每個專案都有自己的商業案例、資源需求、時間期限，以及負責決策與完成任務的專責人員。

每一個執行專案的人都知道彼此的專案應該完成，但是他們卻往往各自為政。做這些事的人必須知道他們和別人如何彼此關聯。赫德莉在2009年就推動的聯合作業會議，現在也用來協助團隊看清楚這些專案彼此之間的關係，各自為政的工作狀態該如何調整，並且幫助其他人轉化顧客體驗。「我們必須支持並了解，策略的各部分是如何整合在一起的，而且必須實地檢驗，所以我們要求行銷長、數位長、配銷主管、財務長等人齊聚一堂，共同討論，以確認所有的面向都被詳加考慮。」聯合作業會議讓團隊設計出一套整合系統，促進顧客互動的超先進科技與演算法也能順暢運作，並為顧客提供流暢的體驗。

現在這些會議仍在進行。由於每週都要碰面，團隊愈來愈擅於即時回應，以持續改進。他們已經成功加強組織的敏捷度與操控性。赫德莉如此描述聯合作業會議：「我們的治理機制得以存續，而且愈來愈好。團隊會基於我們正在進行的作業而改變，但是事實上我們在每個階段都需要它，以根據即時回應來持續調整，並加強與監控改革的進行。」

福特的逆轉勝

2006年，穆拉利在將大半職涯都貢獻給波音（Boeing）後，轉而加入福特汽車。當時他所面臨最重要的不確定性是：福特汽車能否繼續生存。當日本的競爭對手橫掃美國市場，並實現高額獲利時，福特汽車不只面臨市場萎縮，獲利也正在流失。另外，通用汽車與克萊斯勒可能會宣告破產，也為福特汽車帶來更多的壓力，因為宣告破產將讓這兩家公司卸下債務，如此一來，它們就可以採取更具攻擊力的訂價策略，但是福特汽車的巨額債務卻還列在資產負債表上。執行長暨董事長福特（Bill Ford）告訴董事會，公司需要新的執行長，而且如果有必要的話，他願意辭去董事長一職。如果公司宣告破產，福特家族就會失去控制權。

穆拉利上任的第一週，每週四推行聯合作業會議，並命名為「營運計畫檢討會」（business plan review, BPR），要求所有資深主管都必須參與，這些人因而大感震驚，因為他們早已習慣用完全不同的節奏做自己的事。他們習慣參與「會議週」，也就是每個月有五天不中斷的聚會[12]，這是典型不具成效、不坦率又沒擔當的風格。營運計畫檢討會議在每週四召開，從不間斷，而且穆拉利也利用這個會議把高階團隊轉型為變革代理人。他把規則說得相當清楚：有關公司翻轉目標的進度報告必須簡潔而誠實，是基於事實，而非辦公室政治或人格特質。這就是會議的主導原則。「我的管理系統的基本規則是，清楚的共事原則、實際演練及被期待的行為。」穆拉利說道。出席是強制性的。某個團隊成員告訴我，有個在美國以外國家工作的高階主管詢問穆拉利自己是否必須出席。穆拉利告訴對方，他可以選擇出席，也可以選擇……穆拉利不必把話說完，對方就明白了。

穆拉利運用營運計畫檢討會議提升團隊的知覺敏感度。「我們會談論時下全世界的商業環境，好比經濟狀況、能源與科技、全球的勞動力、政府的關係、人口統計學的趨勢、競爭對手正在做的事、我們的顧客有什麼狀況等。」他在接受麥肯錫採訪時表示：「當然，我們經常全在那裡，那是工作的一部分，就在那裡環遊世界。營運計畫檢討會議程序則是一切的基礎，提供一扇觀察世界的窗，整個團隊都知道正在發生的每件事，然後我們進一步討論這些趨勢可能的發展。向前看是很重要的，除了顧客現在重視的事以外，我們還會談論更多。我們談論的是，全世界即將改變顧客未來關注重點的力量[13]。」

在穆拉利為福特汽車研擬的五年綜合策略與計畫中，

福特汽車必須採取邁向新路線的步驟，而這個會議在促成這些步驟的執行力和當責也不可或缺。每一次的會議都包含複誦一次共同目標，並且有紀律的重新檢視營運目標，這些都被顯示在牆上的圖表中，並以紅色、黃色或綠色標出，還有負責該項成果的領導團隊成員照片[14]。這間房間就像是棒球隊的球場。一週又一週，過去一週以來的進展，或是尚未做到、應該達成的進展，都會在圖表上顯示給所有的人觀看。瓶頸因而一一浮現，穆拉利也會當場解決。各個單位進行的任何改變所帶來的衝擊，其他單位都會同時看到。在主管都習慣把資訊保留在自己手上的世界中，這種分享資訊的方法可能是全新的經驗，但在大家適應後就會知道它的價值。

穆拉利要求大家在會議中要彼此尊重，並且共同解決問題，他的責任是讓每個人都成為打團體戰的球員，也因此強化團隊合作的重要性。「這個會議的責任是協助每個團隊成員把紅標改為黃標與綠標，並且每一年都能增加獲利和現金流。」穆拉利解釋道[15]。在某次早期的營運計畫檢討會議中，福特汽車的美洲區主管費爾茲（Mark Fields）鼓起勇氣，承認前衛的油電混合車推出發生問題，穆拉利大力嘉許他的坦率，接著冷靜的詢問團隊成員道：「有誰可以幫忙？」現場的回應令人非常欣慰，大家自願提供建議、資源及改變優先事項排序，來協助促成這件事[16]。穆拉利推動轉型時，來自舊福特汽車的高層團隊全部留任，只有幾個人退休、一個人因為找到更好的工作而離職，還有一個人被解聘。但是，大家的心態全都改變了，決策更快速，行動也彼此協調。大家對這項有意義的成就都極為滿意。更重要的是，營運計畫檢討會議顯然把部門主管訓練成整個公司的領導者，並測試他們是否準備好承擔更重大的任務，如損益中心的總裁、某個國家的經理等。舉例來說，費爾茲就成為福特汽車現任的執行長。

要把組織變得敏捷，沒有比聯合作業會議更好的方法。在結構不確定性的時代中，這是必要的方法，我已經看過好幾家公司採行聯合作業會議。下一章將介紹綠山咖啡（Keurig Green Mountain）如何實行聯合作業會議。

第13章

綠山咖啡的故事

2014年5月，綠山咖啡登上新聞頭條，因為可口可樂增加對這家咖啡烘焙與飲料科技公司的持股，從10%提升到16%。由於可口可樂投資其他公司從來不做單純的持股投資人，所以這次行動引發許多人揣測這種結盟所代表的意義，特別是像當肯甜甜圈（Dunkin Donuts）與星巴克這些大公司已經被綠山咖啡的個人咖啡調製市場擊敗。同時，在新聞背後也有另一個重大事件正在某間會議室內進行，綠山咖啡的執行長凱利（Brian Kelley）正在建立一種機制，以便更容易調整組織，進入新的發展路線，而這條路線能讓綠山咖啡站上攻擊者位置。

綠山咖啡成立於1980年代初期，是佛蒙特州瓦特伯瑞（Waterbury）的一家小咖啡烘焙店，之後持續成長，並在1990年代初期公開上市。2006年，它收購克里格（Keurig）這家單杯式咖啡機製造商，為更進一步的成長奠定基礎。2012年，凱利從可口可樂的高階職位卸任，成為綠山咖啡的執行長，這個消息令飲料產業大為震驚，接著他積極加速咖啡機與飲料包裝的創新。為了增加克里格單杯式咖啡機對消費者的吸引力，他和很多咖啡與茶飲品牌建立夥伴關係，以提供克里格咖啡機專用的「K cup」膠囊。之後綠山咖啡的營收與每股盈餘持續維持兩位數的成長率，金額在2012

年與2013年分別達到33.9億美元和43億美元。短短兩年內，公司市值就從40億美元躍升到240億美元。

凱利知道，公司創業初期達到的成就，將是轉往下一個成長平台的燃料。不過，凱利對組織操控性的專注並不亞於他對策略的專注，他知道自己必須調整同仁的注意力與資源，才能執行策略。畢竟，在消費性飲料市場上已經有許多業者，有些業者也紛紛推出家用咖啡機。2014年1月，凱利在公司推動自己稍後稱呼的聯合作業會議來整合全公司的所有部門，與會者大約有二十五位高階成員。

會議的起始

凱利委請我協助設計並主持一開始的會議。我簡單介紹一下，就帶領大家當場演練。我請大家寫出下一季最重要的三項工作。由於大家都習慣提出一年、兩年或三年的計畫，因此這麼短的時期讓他們大感意外。我的目的是要協助他們注意短期步驟的執行，而這也是他們旅程的一部分。他們花費數分鐘思考，而後我請他們在一張白紙的下方列出優先事項，每項工作上則畫出一個煙囪狀的長條形，然後寫出和那項工作優先事項相關的五項關鍵任務。我們走遍整個房間，讓每個人解釋自己的工作。這是他們第一次聽到彼此的優先事項與任務細節。接著就是好玩的部分了，我請他們抓一把桌上的標籤紙，根據當天的進度，用顏色把這些關鍵任務標示為紅色、黃色或綠色。

我們把二十五張紙蒐集起來張貼在牆上，大家圍成半圓形站一起觀看。我詢問道：「你們看到什麼？」大家顯然感到不安，因為紅色很多，綠色卻非常少。「這在任何公司都很常見，」我向他們保證道：「繼續觀察。」於是他們繼續觀察，注意到很多紅標事項都有一個共同點：擁有專業技術的人才被耗損得十分嚴重。我們接著討論這些人工作量過重的原因，然後發現公司其實已經准許雇用更多這類的技術專家，也提撥了預算，但是長久以來這些工作就是沒有補到人手。執行長轉向人力資源部門的人，並且詢問原因。原來資深人力資源主管與營運主管沒有時間面試。針對這個瓶頸的解決方案顯而易見。

其他議題也浮上檯面。有兩位主管正在進行同樣的任務，是否應該合併？其中一項比另一項重要嗎？當場的決定就是把兩項任務加以合併。另一項被標示紅色的任務則是因為供應商延誤所造成，於是大家再次集思廣益，想辦法如何在短時間內解決這個問題。不必多說，這個機制的目的是為了協助每個人克服困難，從紅色與黃色變成綠色。事情就這麼水到渠成。

接下來三個月，這種會議又召開六次。在不開會的期間，凱利遇到人時就會詢問大家對於聯合作業會議機制的感想。他偶爾會從直接部屬那裡聽到一個意見，那就是雖然這個會議幫忙找出問題，讓事情能有所進展，但也很像是凱利藉此控制組織，感覺上又加諸一層官僚形式。這個意見讓凱利深感困擾，他在4月中的會議前一直在思考這個問題，而我再次受邀來協助會議的進行。

會議的目的與好處

是該驅散疑慮、讓大家更了解會議的目的與效益的時候了。2014年4月的聯合作業會議上，凱利一開始就提到大家對於公司在2020年的願景。他以可靠又具體的方式陳述公司的策略方向，讓公司的願景當場變得鮮明；他也準備了一支三分鐘的影片，提醒大家公司到目前為止的成就，以及尚未兌現的承諾，並藉此激勵大家。「在這趟旅程中，我們必須緊密凝聚。」他提醒大家道。特別是有兩項必須執行的專案將會改變公司，甚至整個產業的命運，而這兩件事涉及會議室裡將近一半的人員。「因為推出的時機很重要，我們的行動勢必有急迫性，而且要彼此協調，這就是召開這些會議的目的。」凱利說道：「我們將會遇到波折，不管是供應商的問題，或是來自嘗試的新資訊，但是這些事發生的時候，我們承擔不起延誤重新調配人力與資源等相關決策的風險。」

接著由我接手，就如同我和凱利事先商量的，我進一步完整解釋聯合作業概念的意義，並且鼓勵他們採取更宏大的觀點，關注整體目標，而不只是著眼於各自部門的利益。我提到，資訊同步流通且毫不過濾，以及進行調整與決策時大家都在同一間會議室的價值。我提醒大家，這正是在1月的會議中，大家出於自發而發生的事。「口頭上說要步調一致是一回事，」我說道：「當你發現大家的優先事項、目標及資源不一致時，然後動手解決問題，才是真正做到步調一致。」

一個團隊成員坦率回應道：「從1月開始進行這些會議以來，我一直試著配合，但是我真的不了解其中的意義，現在我明白了。」如果其他人還沒有被說服，接下來的討論與結果也會讓他們深信不疑。

凱利做了一個範本，讓大家更容易看出每週各自進行不同優先事項的問題點。團隊成員要把自己的前三項優先事項寫在範本上。第一欄是全公司都支持的十大優先事項；第二欄是和優先事項有關的關鍵任務，以及該任務的直接負責人；第三欄是如何衡量進度；第四欄是列出這些任務真正依賴的人名，尤其是不屬於直接管轄的人；第五欄則是必須克服的障礙或重要問題。

凱利事先已經把這個範本給團隊的兩名成員觀看，這兩人負責督導公司最重要的兩項專案，並請他們在會議前完成範本的內容。第一位是塔拉，她的任務非常複雜，必須解決一些棘手的技術問題。她帶領大家一起觀看自己寫的內容，大家詢問很多的問題，而她也一一回答。她顯然需要更多的工程師與來自其他部門人手的支持。因此，當場就完成從另一個專案提撥一些人力的決定。有人建議塔拉應該加入一個擁有相當專門知識的人，此語也獲得同意，有位主管願意撥出時間從旁協助。討論持續一個半小時，在這段時間內，塔拉得到可以獲得所需資源的保證（在這個例子中是指人力，而不是金錢），以免延誤進度。塔拉也因此得到激勵，因為她知道有了這些調整後就能繼續完成進度。

團隊再次用同樣的方式進行第二個範本的討論。隨著討論的進行，另一個需求出現了，這一次是一大筆資金。想要藉由更多的創新發動攻勢，在接下來三年顯然就需要很大筆的資金投入。資金不會無中生有，必須重新分配。每個成員像是一體般討論可能從哪裡找到錢；然後查理提出，因為他的預算對成長趨緩的部門來說相對偏高，他願意提撥出多餘的金額。從整體公司的角度來看，這是頗為英勇的行為。但如果把預算從查理的部門移走，卻未調整關鍵績效指標是很不合理的，因此隨後也很快就做出調整。

會議快要結束時，我提出幾個值得思考的問題，其中之一是：哪兩件事是破壞王，可能會讓每件事落入煉獄？這個問題讓塔拉想到一個尚未解決的技術問題，但是解答可能必須往公司外部探尋。於是，團隊成員決定指派某個同仁負責到全世界尋找解答。

所以，二十五個人一整天的時間都花在這個會議上。我問大家是否值得？現場熱烈回應肯定的答覆，因為他們可以看見公司的整體局勢；他們也已經看出很多障礙，也當場解決了很多問題。他們知道回到工作崗位上應該專注的事，而那些都會與全公司正在進行的事相互一致。聯合作業會議很新穎，但是已經成為例行作業，也大受歡迎，因為它為公司帶來新近才發現的敏捷性。現在已經變成快速的每週檢視會議，讓每位主管得以負責報告優先事項的進度。

聯合作業會議在組織高層是一個關鍵掌控機制，可以打破各自為政的局面，充分發揮公司的能力，並且轉往新的發展路線。然而，在公司其他需要共同決策的階層也一樣很有效。但光是授權員工做決定還不夠，必須仔細分析組織的決策過程，確保決策的內容、人員及方式，都與變革的速度和特性步調一致。新的路線可能需要在決策上進行很大的改變，無法進行這些改革就是僵固性的源頭。下一章將會解釋如何把決策程序當成提升組織敏捷度的方法。

第14章

關鍵決策節點

假設你已經為公司找出一條新路線，要帶領大家走上這條路，幾乎就表示要改變公司重要決策的決定方式。在帶領公司走過路上的大轉彎，並且根據你的導航進行微調時，仔細分析公司的決策就變得極為重要。你可能必須把不同的人放在不同的決策位置上，並確保他們會參考各種資訊，如重要的外部資訊；還要加入不同類型的專門知識，如數學演算能力等，而且大部分的人必須一起協同作業。除非決策程序做出必要的改變，組織運作可能會卡住，你偉大的計畫也會胎死腹中。你必須看出關鍵的決策節點（decision node）何在[17]，也就是組織中做成最多重要決策的地方。

先來討論決策的「內容」（what），什麼是最重要的關鍵決定，是公司的核心樞紐，並會影響許多其他的決定？這將會協助你找出節點。接著，再來考慮「人員」（who），誰應該負責做決定，且對成敗負責；另外，決策時還有哪些人應該參與？要注意是誰在行使權力，他可能不是正式的決策者。事情並不是到此為止，你還要注意做成這些決定的「方式」（how）：要考慮哪些因素、應用哪些資訊、形成多少替代方案、強調的重點是什麼、運用哪些經驗法則。決策愈來愈需要參考各種專門知識與有力觀察點。協同作業是否真的能做到？

在一邊向新路線移動且一邊處理新的不確定性時，一開始就注意決策的內容、人員及方法，會讓你了解驅動或阻礙進展的關鍵點，並讓你隨時能夠主動出擊。

辨識決策節點

想要找出最重要的決策節點，就得從一定要做、不做就會失敗的行動中往回看。舉例來說，想在其他國家的當地市場有所斬獲，就表示你要比當地的競爭對手更了解這些市場，行動也要更快速，如此才能主動出擊。有關產品組合、訂價及相關問題的決策，可能必須在更靠近行動的地點進行。對於很多的全球企業來說，就表示要派遣負責當地損益的主管經營一個國家的所有產品線與機能。為了在當地市場成功，這就是重要的決策節點。

節點可能是一個人，但大多數會是一群人，其中有一個人是最終負責人。第十二章曾談到負責多空投資集團財富管理事業的赫德莉如何利用聯合作業會議，把公司內的不同部門聚集在一起，最後形成可以讓他們站在攻擊位置的整合平台。這個團隊就是一個決策節點，而赫德莉就是最終負責人。為了確認節點與應有的人選，赫德莉的起點是她想達成的「行動」：結合精密軟體與演算法，以提供顧客令人注目的端至端體驗科技平台。因此，從事不同資訊科技專案的專家必須參與，對顧客有深入洞察力的人也應該加入，所以她把業務和行銷主管都囊括在內，從而形成一個新的節點。於是，她每週召開聯合作業會議，首創讓身處於節點的人（也就是技術、行銷及業務部門）並肩工作，並且持續調整各自的優先事項、資源及關鍵績效指標。

面對新挑戰的領導者通常會改變組織的架構或關鍵人士。這些改變可能是必須的，但是對他們本身來說卻可能錯失最重要的因素：用全新的眼光檢視決策節點，讓所有同仁以前所未有的方式一起共事。

最近我和一家攜帶式醫療設備公司的執行長納瓦羅（化名）共事，他有一個極具企圖心的三年計畫，但卻很擔心公司行動的速度不夠快。我詢問他成功的基礎是什麼，他表示：公司下一年必須推出五個新產品，第二年也是，然後第三年再推出另外五個新產品。這個目標實在太大了，因為這家科技公司在過去三年一共也才推出三個產品而已。想要達到這個目標，就必須精確思考決策的節點。

「你有技術人才嗎？」我問道。

「還不夠。」他說道。他解釋說，這類人才很難找到，因為不是只要有軟體經驗的人都可以勝任，不但必須在醫療保健與軟體領域有適當的訓練和經驗，還要有能力為複雜的演算法寫出精密程式，而這樣的人才極為少見。

「你們為了要找到這樣的人才做了什麼事？」我繼續追問道。

「我們一直很積極但卻都不成功，所以我們現在努力尋找一位新的人力資源主管，一個可以花費心力解決這個問題的人。」

我覺得這樣的決定刻不容緩，而且這是納瓦羅本身必須接手花費時間處理的事，他本身就是決策節點。不過，推出新產品又是另外一回事，新產品的重要性隱示關鍵決策節點的人選要權衡並妥善整合有關顧客、技術、法規、生產、銷售及財務等各層面。任何負責做這些決策的人都必須擁有某些特別的整合能力，比如擁有採納來自很多來源的訊息頻寬、形成不同替代方案的創造力，以及具備做決定並執行的勇氣。為了避免訊息被扭曲，這個對的人選還必須同時參與其中，這個決策者必須讓團隊成員在分享資訊與資源交換時感到安心。

納瓦羅必須花費大量的時間和精力處理這兩個重要的決策節點。首先，他必須高度投入招募新的人力資源主管，因為他比任何人更了解需要什麼樣的人，而且他的投入也會成為吸引高階人才的磁力。其次，他必須經常查核負責決定產品開發的節點。他必須觀察在節點上的資訊和溝通情形，參與者對於必須進行的資源交換都要有完整的認知。他們是否當場解決問題？對決議的行動事項是否爭取到必要的資源？如果沒有的話，就必須打破其中的僵固性。決策能否保持順暢，完全取決於納瓦羅；如果他沒有把心力集中在這兩個重要的節點上，就不可能在接下來三年中每年都推出五個新產品。如果他做到了，接連的成功就會直接把他送上攻擊者位置。

標示新路線可能需要建立全新的節點。第三章曾提及奇異把業務轉型成工業網路，而工業網路的潛力就是奇異的成長來源。把公司轉型成數位時代的重要業者，就要面臨如IBM這類擅長軟體分析與演算法業者的競爭。奇異的執行長伊梅特看到，公司為了服務製造業的顧客，就需要在這些領域具備全新的能力，而這也成為奇異的設計、生產及服務最終轉型的基礎。為了讓這次重大的轉型成功，他建立一個新的決策節點，不只開創一份新事業，也成為奇異轉型到新時代的憑藉。伊梅特把它放在遠離公司總部的矽谷，這裡是人才聚集的中心；他從思科找來魯（Bill Ruh）擔任主管；

同時，即使當時奇異正在進行金融風暴之後重要的成本縮減計畫，他仍為此挹注數億美元。他讓這個新節點向研發主管李特爾（Mark Little）報告，但是他也經常直接和魯互動，這個舉動清楚暗示交付給節點的任務有多麼重要。奇異現在成為工業網路的業界龍頭並非偶然，它的轉型進行得十分迅速，而且最近收購艾斯敦（Alstom），奇異的數位能力也是整合的關鍵。艾斯敦是一家製造重工業產品的法國公司，產品包括渦輪機與高速列車等。

指派關鍵節點的領導人物

讓對的人負責公司最重要的決策是最基本的，但是要撤換他們通常就會牽涉到個人恩怨；心理因素通常會干擾良好的判斷。我看過很多次，在其他方面都很英明睿智的領導者就是看不清事實，但其他人卻都明顯看到是某個負責決策節點的人阻礙整個進度。

我在艾克米媒體（化名）就看到這樣的情形。艾克米媒體是一家大型傳媒公司，從平面轉型到數位時遭遇很多困難。高層經常在開會時一再討論數位對事業的衝擊，但是沒有人主張他們必須跳脫平面，並且快速進入數位領域。團隊每次碰面都還是在原地踏步，即使平面事業的獲利持續在流失，他們還是在等待改變的第一聲槍響。

由於缺乏進展而深感挫折，再加上公司並未改變核心事業所面臨的危機，執行長傑克必須清楚指出障礙。當他周延思考整個狀況時，發現他指派負責推動轉型工作的莎拉就是問題所在。莎拉能取得充分的資源，和所有資深主管都有直接的溝通管道，但是她卻並未做出要雇用數位專門知識人才的決定，甚至對數位知識一點也不好奇。傑克有很多理由希望莎拉成功，他們已經共事很多年了，而且他也高度重視莎拉的才能，但是他卻察覺到莎拉的心不在焉已經顯而易見了。莎拉並未執行把平面推展到數位的工作，因為她就是不想這樣做，她的事業都在平面，那是她的舒適區。

接下來的問題就是要思考該如何是好，以及最困難的是要確實執行。經過很大的內心掙扎與很多個失眠的夜晚，傑克終於克服心理障礙，他給莎拉一份長期合約，讓莎拉繼續擔任平面媒體的主管，藉此想要留住莎拉，儘管他知道當莎拉看到平面事業在公司變成較小的事業之後可能就會離職。接著，他鼓起勇氣聘請一位新人來為數位媒體披荊斬棘。在新主管負責節點之後，很快就帶入新的人才類型，也做出許多新決定，最後新事業終於得以落實。

我也曾親眼目睹許多類似的情形，某人拖延重要的轉型工作，但卻並未受到挑戰，因為他的手上握有權力、資源、非正式的人脈網路，或是無法被取代的技能。有一個例子是，某個事業部門總裁有名直接部屬，這個人在他的單位管轄四十個重要的人才，但是這個人優柔寡斷，讓總裁備感困擾，他非常清楚誰是延誤進度的人。我詢問總裁為什麼不做些什麼來改善狀況，總裁的回覆是：「他是執行長的愛將。」執行長知道這個人拖延成性嗎？總裁並沒有思考過這個問題，於是他設定工作里程碑，並且一絲不苟的追蹤進度，充滿自信的把證據攤在桌上。

即使處理人事問題可能會引起同情或質疑，也不能讓社交關係卡住公司的運作。衡量這個人能否改變時要根據事實評判。我的經驗是，如果一個人願意用心，一些小習慣是可以改變的，但是根本的行為卻不會改變。在短時間內可能可以有效的壓抑這些行為，但是當事情變得麻煩時很容易就會故態復萌，回到老樣子。

為了要能完全駕馭組織團隊，對你指派來負責決策節點的人選，要先把績效評估丟到一邊，只要運用基本常識回答以下三個問題：這個人是否具備應有的態度、必要的社交技巧，以及適足的專門知識？

這個人是否具備應有的態度？

只要主管願意花時間清楚說明決策，很多人都會轉換心態，滿懷熱情迎接新的優先事項。福特汽車的穆拉利不必先進行人事大調動，就能改變行動方針；1990年代，IBM的葛斯納在重新定位公司方向時也是一樣，他降低公司對大型主機業務的依賴，將業務轉向軟體與服務，終於把公司從失敗邊緣拉了回來。

但是，有些人並不會改變。如果有些人抗拒太久，就必須在組織鈍化前解決問題。再次提醒第十章提到的98/2法則：公司裡有2%的人會大幅影響其他98%的人。公司的人是否夠彈性、夠敏捷，能接受公司的新方向？在很多情形下，只有一到兩人是關鍵。

這個人是否具備必要的社交技巧？

我指的不是能在雞尾酒派對裡非常健談的人，而是指能提出對的問題、主動尋找外部資訊與反面看法、扮演裁決和訓練的角色，並且帶領節點裡的人像團隊一樣把事情完成，而不需要百分之百的共識。在讓每個人專注在有時間限制的目標時，這個人必須同時把新目的、新方向的關係處理妥當。他必須和其他決策者聯繫，也必須帶頭示範應有的行為，坦誠是會傳染的。

這個人是否具備適足的專門知識？

事實上，在很多快速變化的環境下，可能必須引進一群全新的決策者，他們本身就擁有新型態的專門知識，或是至少敞開心胸而願意接納擁有專門知識的人，並且賦予足夠的權力，他們才能發揮作用。

精準確界定適切的專門知識

你必須很清楚誰該進入節點。目前企業界的常見策略是，運用數學演算能力來改變顧客體驗。在這種情形下，節點就必須包括擁有這種專門知識的人，以及了解消費者與市場競爭的人，不論新舊。

接下來的問題是，這些擁有必要技能的人才應該放在組織裡的哪個位置？更進一步的是，這些人應該對誰報告，他們的專門知識才能與關鍵決策結合？如果他們是決策技術的專家，直覺的答案通常會是把他們放在資訊科技領域，和分析團隊的主管一起對資訊科技的主管報告。但是，這種安排一點都不理想，這群人都很聰明，而資訊科技部門人員的思考很容易就變得狹隘。最好是讓這群擁有重要數學演算能力的人才成為處理較廣泛決策節點的一部分，他們應該直接和決定方針的人、執行長或總裁工作，以影響公司的策略，並協助找出新的營收來源與改善顧客滿意度的方法。例如，為了確保影響整個公司的決策納入演算法的相關思考，耐吉最近決定，預測分析小組要直接對總裁報告，而不是向資訊科技部門的主管。

在另一個例子中，某家醫療設備公司的領導團隊想出一個生產「Gizmo 2020」的策略，它是一種可以傳送並接收數位影像的攜帶式裝置。他們發現，雖然工程團隊擁有生產這項設備的醫療與科學知識，但是很少人清楚關於感應器、資料分析及所需的演算法下運用的數學演算知識。這群傳統的產品設計師會利用擴增的觀點，把演算法併入Gizmo 2020，但是具備分析技術的人會重新設計產品的概念，也就是他們會把演算法做為產品設計的核心，允許其他的產品功能隨之客製化。

工程團隊必須進行必要而大幅的改組，這對資深領導團隊帶來兩難。這群卓越的工程人才對公司的成就有重大貢獻，但是他們的技能如今卻已不再重要，請他們離開是一項痛苦而難以承受的決定。資深領導團隊也必須確保新人有生產Gizmo 2020的必備能力。這家公司必須採取的行動與1997年賈伯斯重返蘋果時所做的事十分類似。當時賈伯斯告訴領導蘋果董事會的成員伍拉德（Edgar Woolard），他要撤換大部分的工程師，並且帶入有技術與力量讓公司前進的新工程師。結果說明了一切。

監看節點如何運作

一旦釐清最重要的決策節點，以及應該囊括哪些人之後，就要注意他們如何運作及運作的成效。是以正式或非正式方法做出決定？負責節點的人有權力，或是另一個人更有影響力？是否參考外部而即時的資訊？遵守的決策原則是什麼？你不只要把決策節點設計妥善，還要確認他們有正確的優先事項與誘因，而且探查或抽檢的次數也要夠多，才能知道他們做得好不好，協同作業是否確實運作。

如果他們做得不好，你必須找出原因並解決問題。也許是決策者遇到組織上的障礙，像是不能從其他部門調動必要的專門人才，而且工程部門主管拒絕釋出技術人才來參與節點的作業；或許是決策者本人有心理障礙，讓他無法拓展人際網路以尋求外部觀點。你必須和這些人嚴肅討論。如果你不介入協調，讓節點與外部的變化和行動同步，反而會強化了所謂的組織僵固性。

思考一下節點應該具有的必要連結，包括不可或缺的資訊與專門知識來源，以及其他決策者等。好的決策需要內部與外部的資訊，而且這些資訊要隨時更新，甚至消息來源也必須更新。企業界常見的決策傾向就是太重視內部資訊，很少花時間注意快速變化的外部資訊。另外，也過度依賴相近的消息來源，通常這些人是和決策者有長久關係的內部專家。只依賴內部資訊又與行動脫節，再加上老是想著過去有效的方法，就會對未來產生線性觀點。這些經常諮詢的消息來源也可能因為同質性太高，而讓人無法產生有想像力的替代方案。上述這些限制都會阻礙組織的操控性。

而這就是數位化可以著力之處，數位化可以讓人取得即時資訊，幫助節點改善協同作業與決策，特別是在連結外部來源時更是如此。正如新科技為服務消費者創造出新的可能性時，也會為操控組織提供新的可能性。例如，汽車製造商從美國各地數百個銷售據點取得線上的數位資訊，然後利用演算法就可以分析出哪個品牌在哪個地區熱銷或是落後於競爭者。因此，公司就可以動用行銷與廣告費用，並運用預測工具，決定哪一個地點要生產的品牌與數量。

不管是否為天生數位人，一個有想像力的領導者會利用數位的潛力，以超越無法如此快速回應的其他公司。舉例來說，你可以利用大數據與演算法，把關於消費者購買模式的資訊直接提供給需要這些資訊的決策節點，他們就能立刻進行所需的調整，如產品規格、產品組合，或是應該加強或廣告的銷售通路，就像之前提及汽車公司所做的事。能做到這樣直接的關聯，就能加快速度。

像亞馬遜與捷步（Zappos）所建立的優勢，並不是只靠累積消費者的資訊，也包括根據這些資訊快速行動的能力。有些決策是電腦自動做出的，但即使不是由電腦做出的決策，也是透過很少的資訊過濾層級而完成的。資訊通常能立刻直達決策者，而他們也能快速改變優先事項或方向。由於這些公司一開始就已經使用決策技術，公司的組織層級都很簡化，資訊都能直接供應給機器或需要這個資訊的決策節點。任何公司只要專注在關鍵決策節點，並且願意投資新的數位技術，這些可能性都會發生。

節點權力是否移轉？

你必須注意節點裡的權力是否正在轉移。組織圖無法告訴你誰是真正擁有權力的人，也不會告訴你，他們行使權力是否合宜，因為它只是一張靜態的圖，上面只是關鍵位置上的人名罷了。從誰握有影響力並控制資源，就能知道權力的所在。如果這些掌控所需資源的人不合作，被賦予做某些決策正式權威的主管可能也使不上力。這也通常是卡住輪子，讓人感到挫折的地方。

節點資源是否移轉？

另外一個類似的問題則是，負責決策節點的人擁有大量資源，但卻不讓這些資源轉移出去。如果不處理的話，這類僵固性在組織高層就會惡化，因為高層人士的權力會更集中。我看過很多偉大的計畫之所以會受到阻礙，就是因為某個較高層級的人不願意讓精力充沛的部屬做其他的事，即使是公司內的其他地方非常需要該名部屬的專門知識，他也不在乎。技術團隊主管如果不讓工程師去執行突破性的專案，就會形成組織僵固性，因而傷害組織因應不確定性的能力。另外，還要注意會在節點導致僵固性的其他拖延戰術，包括不來開會、延後決策、不斷要求花錢又花時間的資訊與外部課程、不提撥款項給新成立的專案，最陰險的一招可能就是指派能力不佳的人去承接新專案。

包套公司（化名）是一家消費商品包裝材料的生產商，負責創新的主管維托（化名）掌控大筆預算。因為公司想要進入兩個新市場，執行長指派一個充滿活力的年輕組長與團隊負責研發新產品，卻忽略了預算在維托手中這件事情。這個團隊進行腦力激盪，做了很多功課，提出很多想法，維托卻都沒有撥款，而是把所有的資源都用來擴展公司既有的產品。更糟的是，這些都是高度資本密集的產品，因此耗盡了原本可以用在新專案的現金。

這個團隊的挫折感淹沒了信念，而且好幾個月以來高階管理階層也對營運數字並未朝著對的方向移動而感到納悶。執行長最後終於發現問題的根源，他委派新主管負責創新工作，這個人仍然掌控公司的創新費用，但卻有不同的執行條件。至此，包套公司才開始回到正軌。

在實務上，每家公司的決策節點都與其他人相互依存，有些人可能是在公司外部的產業生態裡（請謹記，我用「決策節點」這個詞彙時，所指的都是會彼此互動並做決策的真實的人）。大型的全球公司會有數百個節點，形成一個複雜的互相依存網路。舉例來說，一家從美國發跡的多國籍企業，在巴西負責損益的經理將會決定產品組合、人才甄選，以及在巴西的資源配置，但是他也必須和總公司負責為全公司研發過程做決策的人進行協調。擁有權力的人之中只要有一或兩個不對的人，就會嚴重傷害整個決策節點的網路。讓你根本不可能駕馭組織，公司也因此無法以夠快的速度行動。

有時候決策節點也可能會出錯或過時，所以要有所準備，應該快速處理這些問題。在每一次的行動中，你都會發現新的事物，組織也必須進行調整。要持續注意你在何時該介入解決障礙，或是重新設計決策節點。多空投資集團的赫德莉發現，有些決策對公司的成功至關重要，而且這些決策的進行方式必須和過去不同，因而推出她的聯合作業會議。之後，當公司必須做出技術決策，影響到各自為政的專案時，她就重新改變節點的組成人員。

克里夫蘭診所（Cleveland Clinic）的總裁暨執行長寇斯葛洛夫醫師（Toby Cosgrove）重新設計決策節點後，也必須思考運作為什麼並未如預期般良好，這樣的思考讓他改變領導者的條件，在2004年掌控大權時很快就進行改革。他想要把核心焦點從醫療部門轉移到病患疾病的領域，如心血管疾病或腦神經科方面疾病。他的想法是，所有和該疾病相關的醫療照護人員要成為共同組織單位的一部分，例如精神病醫師、神經專科醫師及神經外科醫師全部安置在同一棟樓一起工作。「我們已經了解到，醫療已經從單人運動發展成團隊運動，過去你可以想像一個帶著黑色醫療公事包的醫師到病患家裡看病，但是現在的醫療工作則牽涉到一大群人。」他說道：「我記得在當住院醫師時所接受的教育是，我們只要照顧皮膚與皮膚狀況就好，不需要任何協助。但是，現在整體醫療保健的知識量每兩年就會增加一倍，沒有任何人有能力處理所有資訊，因此必須打團體戰。」

寇斯葛洛夫在本質上建立新的決策節點，在這些節點上，資訊是共享的，而決策則是根據怎麼做對病患最好來做出共同決定。接著，他必須決定由哪些人來帶領這些節點，他在第一回合時表示：「我犯了一些錯誤，當我宣布要這樣做時，沒有人說這個想法很糟，但是每個人都很焦慮，他們不知道要向誰報告、不知道自己的辦公室會在哪裡，還有其他一堆問題。因此，我認為擁有國家級的明星人物來擔任領導角色，對於這些我們所謂醫療所（institute）的新單位是很重要的。」

「我一開始成立神經醫療所，就找到一個來自美國西岸的人，他擁有豐富的資歷，曾發表很多的文章，也擁有很多國家衛生研究院（National Institutes of Health）認可的研究。但是，事情並不順利。我發現，這些工作需要不同類型的領導者，這些人必須是很優秀的協調者，而且理解公司的文化，即使沒有最好的學術證書也沒關係。在挑選領導者時，這是很大的轉向。」

決策方式不進行必要的調整，就無法妥善帶領組織。財務資源的調整也是一樣的道理，這是下一章的主題。

第15章

駕馭雙軌

你可能有個極有創意也很思慮縝密的攻擊計畫，但你還是必須維持現有業務一段時間。不能只是因為你想做新業務，就任憑現在的業務七零八落。畢竟，這是你唯一可以產生現金的來源，你絕對需要這些現金來資助未來的計畫。因此，在同一段時間內，你必須變更決策方式、引進新的專門知識，並且把人員的優先事項改成這個新的創始事業。這種雙軌運作會帶來很大的壓力，特別針對受到不利影響的組織高層而言更是如此。察覺到即將失去權力的人將會拖延、隱藏資源、扭曲必須進行的改變，他們通常會希望新事業消失不見。他們的反應可能會讓你自我懷疑，同時也會測試你的領導力。你必須以適當的速度熟習管理過渡時期的一切。

設定短期里程碑

一旦知道公司必須走的路，並且對其他人說明之後，就要清楚定義短期內要走向新路線的明確步驟。這件事要以終為始，從目標回推到現在位置，同時找出能達到目的地的步驟與手段。這些項目就會成為新路線的短期里程碑，你必須在一季、兩季或三季分別達成，因為這是長期目標的前置工作。

舉例來說，塔塔諮詢服務（Tata Consultancy Services）在2014年年初決定從事協助顧客數位化的新事業，必須建立正確的人才庫。建立這個新事業是一項更長期的主張，但招募軟體設計、通路銷售及合約談判的人才就是過渡的暫時手段。身為總經理暨新事業單位主管的哈里哈蘭（Seeta Hariharan），在七個月內錄取兩百三十五人，包括來自微軟、紅帽（Red Hat）及Infomatica的資深老手[18]。如果她沒有進行這些短期項目，新事業也無法達成預期目標。在一段更長的旅程中，這是很重要的短期里程碑。

短期里程碑不必量化。量化里程碑是在特定市場中探索機會，以及選擇新技術時決策參考的最佳方式。但短期里程碑還是要很明確，不能只是畫出一張圖，告訴大家你要公司往哪裡去，然後就沒事了。即使你很相信賦權（empowerment，給人做事的權力並激發能力）與授權，也很信任別人，但是你仍必須把想法從五萬英尺高空上往下拉到五十英尺，讓這件事落實到可以執行的層次。

在執行新事業的短程里程碑時，並不表示你可以對目前事業放鬆營運的強度，你必須同時進行雙軌作業。我看過很多人大幅改變業務，但是並未失去營運上的紀律，主要就是因為他們很清楚兩者之間的關聯。有幾個很好的例子就發生在印度。在印度，成功的領導者都很習慣高度受限與不可預期的環境，但是同時也能看見自己的國家與周邊國家無限的成長機會。美克斯印度公司的新恩如此描述每天的公司狀況：

> 幾乎每個產業的利潤都持續受到挑戰，有些產業的訂價還受到政府規範，很多原物料的成本上漲、工資也在上漲，而消費者的期望又因為數位化的因素而持續升高。所以，幾乎你所看見的每件事都有利潤的壓力。特別是如果你身為公開上市公司，電視整天播放新聞，每個人幾乎都在四處奔波找尋短期獲利的機會，策略決策會變得很困難。每一小時都要符合要求，就限制了你完成策略的能力。由於每一天、每一週、每一季要求增加每股盈餘的戰鼓隆隆，許多決策都必須妥協。你必須非常非常的專注，並且把你正在做的事做得愈來愈好。對於利潤微薄的產業來說，幾乎沒有空間做長期策略。

威訊科技的豪賭

斯登柏格（Ivan Seidenberg）擔任威訊的執行長長達十七年之久，他正是這種平衡藝術的大師。他帶領公司在電信業歷經多次轉型，這項任務除了必須滿足市場的需求，還必須和一大堆政府主管機關（聯邦政府與大約二十個州政府）對抗。每一波的併購風潮都會改變競爭態勢，局面也逐漸有利於能提供流暢的連接經驗與消費者所需資訊強度的電信業者。

威訊一開始源於小貝爾（Baby Bell），而後與Nynex〔美國政府要求貝爾電話（Bell Telephone）獨占事業拆成七家較小的地區型室內電話公司，Nynex就是其中之一〕合併，威訊在營運效能上費盡心思，它的室內電話事業才能維持穩健又有獲利，同時還建立全國無線網路。

之後在2000年代，斯登柏格做了一次豪賭。由於無線與有線電話、電視訊號和網路已經持續變化好幾年，也產生千變萬化的業者、技術及顧客群，而且會隨著每次合併或結盟消息的公布而改變。最懊惱的就是政府主管機關，它們傾向於認為小而美，但是合併的浪潮卻一再席捲整個產業。這是因為兩股經濟現實的力量使然：首先，消費者希望擁有流暢的連線經驗，也就是無論打電話到其他州或是在自己所在的州內打電話都不會漏接，以及隨時可使用的寬頻與內容；其次則是業者有追求規模效率的動力。

威訊已經建立高速行動網路的標準，斯登柏格看到消費者也會想要在家裡接收影像與電腦訊號，但是連接消費者室內電話的銅線速度卻不夠快，所以他著手把威訊的銅線網路替換成光纖網路。這項計畫極為昂貴，十年內要投入230億美元；而且也極具爭議性，因為這項計畫的根據是認為技術、法規架構及消費者偏好會逐步發展，但是當時這些事都還處於高度不確定性的狀態。而且在那時候，管線品質對威訊的業務根本不是什麼大問題，但是斯登柏格卻看出五年後就會成為威脅。

斯登柏格如此描述平衡的藝術：

> 我們必須具備卓越的營運能力，增加目前的經銷權；但是我們也必須根據外部環境的寬廣視野，改變我們的商業模式。推動所有的方法促成這件事、詢問對的問題，還要用能做到這兩件事的方式配置資源，這就是高階管理階層的特殊角色。傑出的公司能找到兼容並蓄的方法。我們每

天也許會花費50%的時間確認目前的生意並未出錯，也許花費25%的時間思考現在做的事到下一週、明年或後年是否都還可行，因為分析師、股東及董事會通常會看一到三年的表現。另外25%的時間則是花費在為了在第四年、第五年、第六年或更長時間之後，公司仍能保有成功地位所必須做的任何事情。

我們一開始做得並不好，但是變得更好與更有系統後，我們的進展和表現就更平穩了。我們的現有經營成果豐碩，也成功擴展經銷商，算是達成了里程碑。而且兩年前開始布局的事情也開始大有斬獲，可以收成。所以，每一年都可以從幾年前就開始耕耘的事情中得到收益。

聚焦新路線

追蹤新路線的短期里程碑時，必須像在追蹤成本、毛利之類的事一樣認真，而且當事情偏離軌道時，也要迅速採取行動改善。你可能必須為新事業設立新指標，並規劃工作狀態儀表板以便監控，而且要和短期的財務與營運目標加以區分。然後，必須確認有人會給你相關的資訊、公司裡也要有對的人，這樣才能至少一季評估一次進度。如果你未能分開評估，就必須非常留意你分配在監看里程碑的時間。

里程碑能顯示新路線是否可行，以及必須進行的修正。舉例來說，想取得軟體與演算法能力的傳統公司，追蹤進度時必須保持警覺：是否聘用專家？他們是否進入重要且適當的決策節點？他們的建議有人在聽嗎？你需要高度的個人紀律去追蹤這些事，並且要熱切的聽取意見，看出他們被卡住的訊號。多空投資集團的赫德莉在發現，業務與行銷人員並未應用技術專家提出的市場區隔資訊，而且技術專家也沒有納入行銷的專門知識時，她馬上就介入干預，每兩週就會重新檢視這個問題，確認大家聽取彼此的意見。

你的第一個行動無疑也會引發其他業者的反應，所以你將會面對很多影響外部環境變化的不確定變數。不斷評估會讓你知道，你的假設是否正確，新路線是否仍然可行。在公司裡，要嚴格檢視在決策權力與人員調派的改變是否會引起社群關係失和。另外，當你從公司的其他部分取得資源支應新事業時，也必須理解相關的財務衝擊，特別是重要的現金供應狀況。深入挖掘偏離軌道的根本原因，才會發現真正的阻礙。例如，常見的問題是有人被指派承接新的成長專案，甚至還不只一個，但是他們的日常業務卻沒有被轉移。太多的專案會折損戰力，因為人力會太過吃緊，即使10億美元營收的公司也無法同時追求超過十個會改變遊戲規則的創新專案。

要貫徹現有軌道與新路線的短期里程碑，紀律將是帶領組織的關鍵。貫徹的紀律必須及於現有的預算和營運評估、聯合作業會議，以及所有你為了這個目的所展開的對話。另外，也包括你採取的行動，這就像是你學習的成果。任何一個軌道沒有達到目標，就會影響你帶領組織的能力。一旦發現脫離軌道，就要找出根本原因。別直接跳到結論，但是也不要拖延。大部分的根本原因都是出在內部，主要問題都是不想搭上新列車的人所引起的。

讓數字保持彈性

若要帶領組織走上新路線，並在一路上進行調整，若要擁有知覺敏感度，數字要經常達到目標，這時預算會是最強大的工具。不過，就正如我先前提過的，預算有很難應付的核心僵固性，因此會嚴重限制組織的調整，原因不只是實際的預算數字，還包括人們會如何看待預算程序，以及對於老闆是否採行事項的猜測。在大部分的公司裡，預算就是一種承諾，連帶做為績效評估與報酬的基礎。老闆不一定有興趣知道這些數字是怎麼做到的、可能對未來造成什麼影響，或是哪些外在現實因素會造成衝擊。特別是外在環境一定是做預算與評估程序時的一部分，當環境改變時，數字必須可以調整。公司的預算數字與內外現實的連結愈緊密，你就愈能帶領組織前進。即使華爾街只想看到短期成果，也不能當成鎖定數字太久的藉口。績效沒有操控性，就會縮短公司的壽命。畢竟，投資機構根本不在乎公司的內部資源如何配置，它們只會看公司的整體結果。

滾動式預算法

中途預算調整有一個很有用的技巧，就是滾動式兩年預算法（rolling two-year budget），也就是在未來八個季度中，逐季安排預算。每一季檢視預算一次，並延伸到未來八個季度的預算，並根據你得到的新資訊調整資源配置。舉例來說，一家無線電話公司如果看到顧客流失率（即中止會員相對於新增會員的比例）正在增加，可能就會調整廣告預算。美國的汽車銷售深受聯邦準備理事會的作為影響，只要一看到利率開始出現變化的跡象，就必須調整預算。何必等到年底？

往前看兩年，並且在每一季調整預算，可以帶給你彈性，同時準備較長期間的計畫。在第一季結束時，你要向前看到第九季的預算，所以你一直在提早檢視預算，但是同時對公司目前的真實狀況和未來發展的最新專案也能妥善協調。當新的數字反映出顧客的回饋與可能影響未來季度銷售的變化時，這項做法能增加你的彈性。

但是，在彈性操控組織時必須保持紀律。老闆在中途收回資源或提高目標卻不說明理由時，中階主管的內心會產生新的不確定性，並且質疑老闆的動機。有什麼事失敗嗎？或是老闆想要在下次異動前積極提升數字，以增加自己的職涯籌碼？預算與關鍵績效指標的改變，會迫使大家為圖省事而向未來借數字，終究會破壞公司的社群關係和壽命。

舉例來說，2013年6月，尼爾答應上司接任業務經理時，他對新工作充滿信心。接近會計年度的第三季結束時，他還在達到年度目標的路上泰然處之。但是，上司的相關談話卻不像讚許，反而像是要他開車參與槍戰一般。上司突然把尼爾的目標提高50%，而且顯然如果尼爾無法達成目標就會被辭退。數天後，尼爾和我提到這件事時還是非常憂心，他試著說服上司這個目標根本無法達成，但卻不被接受。

尼爾會忽然遭受這種意外待遇，是因為上司有自己的現實狀況要應付。她的兩個直接部屬遇到麻煩，還事先知會她無法達成目標數字，因此填補缺口的唯一方法就是從尼爾的部門來填補，而且她也絕不鬆手，因為她知道股東不會接受更低的數字。上司為了保住自己的工作，只好對員工嚴厲要求，只求短期內達到目標，之後的事留待以後再說。尼爾的選擇是：進行強力推銷與大幅折扣，以求在10月前達到數字，否則就準備離開這家公司。

尼爾的上司如果看到尼爾並未看到的市場潛力，她的要求可能是正確的。但如果是這種情形，就應該提供清楚說明、對話的機會與指導，以及外部真實狀況的連結，這會讓她的要求更容易令人接受。滾動式兩年預算法會經常根據外部真實狀況進行調整，就會減少像這樣的年底意外，讓公司保持在軌道上。

依現實狀況調整資源

根據目前的現實狀況調整資源，在某些公司是很自然的事。以谷歌為例，高度機密的谷歌X實驗室嘗試發明能解決全世界最重大問題的方法，並在過程中產生新的核心事業。夠資格成為X價值的解決方案，必須有「改變世界」的潛力（回應創辦人的原始使命宣言）。谷歌的深口袋讓它可以一邊資助這些長期的探索，同時還能產生可觀的獲利，因此不會受到只想挖出更多現金的維權股東施壓。

雖然新成長領域的投資期是長期的，但是對專案的評估卻十分頻繁且嚴厲。想砍掉專案和想發展專案的動機一樣強烈，因為砍掉較不具前景的專案，才能釋出資源集中到其他專案。誠如主持專案評估程序的德瓦爾（Rich DeVaul）所言：「如果可以現在就砍掉，為什麼要等到明天或下週[19]？」如果一項有前途的專案遇到障礙，他們也會立刻修正。領導谷歌X實驗室日常運作的泰勒（Astro Teller）告訴《快速企業》（*Fast Company*）的戈特納（Jon Gertner）：這種專案如果需要更多資金，執行長布林與財務長皮切特（Patrick Pichette）就會毫不猶豫的調整資源，讓專案能持續進行，皮切特還會說：「謝謝你一知道就告訴我，我們會妥善處理[20]。」

2010年，我參與一家100億美元製造公司的高階主管會議，現場還有幾個董事會成員，醫療設備單位的主管李金（化名）如同往常一樣進行二十五分鐘的簡報。他在各項報告中提及幾個可以擴展的機會，最具吸引力的就在中國西北部。最後，執行長回到有關中國的重點。「要怎麼到那裡做生意？」「我們可以找到最好的批發商。」李金解釋道。執行長接著問道：「為什麼要透過批發商？」這麼做會比較快，當然也有一些缺點。執行長詢問幾個替代方案，其中一個是建立自己的業務團隊。在討論各種優缺點後，建立自己的業務團隊似乎是比較有勝算的方案。李金說：「但是我們沒有足夠的預算。」執行長表示：「就因為沒有預算，我們就該做不符合策略的事嗎？」他轉頭對財務長說道：「我們來找出李金需要的500萬美元吧！」接著他們就當場調整預算，以便進軍新的成長市場。

很遺憾的是，在有人提出需要調整預算的新創專案時，上述的例子並不是常見的結果。我只看過幾家公司會這樣做，但是這應該變成普遍的做法才對，因為如此一來就會釋出大量精力，並減少私下運作的活動。中階主管必須更有彈性，以接受這些變動，而財務長也一樣，在預算與關鍵績效指標變動時，他是改變大家心理狀態的關鍵人物。他也是所有財務分配的託管人，如果財務長沒有彈性，堅持分配資金的特定模式，並且拒絕納入外部環境的因素，建議回頭好好了解一下決策節點，思考是不是在那個節點上用對人。不管是改變內部的資源配置，或是從外部發現新的資金來源，採取攻勢的執行長會為新路線找到需要的資金，並且對於報酬的調整抱持開放態度。

優先事項、預算及關鍵績效指標的變動，三者緊密相關。一段時間之後，大家就會習慣成自然，不只是預期這些事會調整得更頻繁，也會提出自己對現實的理解與感受。

第一步就納入一線員工的坦誠意見

2013年，位於巴西的一家消費性產品公司，部門主管瑪莉亞娜有個能把公司全球營收在三年內從10億美元提升到14億美元的完整計畫，也有信心能贏得上司的支持。然而，她提出計畫時，得到的反應卻很冷淡。高階團隊表示：「這還不夠有企圖心，這是很有利潤的生意，為什麼不能更快達到14億美元呢？如果妳想不出辦法，我們會找顧問來幫妳。」

瑪莉亞娜畢生都奉獻給這家公司，如果有加速成長的方法，她一定會看到。因此，她別無選擇，只能看看顧問有什麼辦法可以達成目標。她進行幾次訪談，並且挑選一家全世界最優秀的顧問公司來分析這項業務計畫，研究廣泛而深入，運用很多量化數據與消費者調查。結果證明她的看法是正確的，雖然有些產品非常賺錢，但有些卻很糟糕，有些甚至還賺不了錢。14億美元的目標是三年可以達到的，然而強化這個事業的最佳方法是謹慎刪除某些產品，把資源重新投入留下的產品線，讓它得以成長。雖然短期內會壓縮營收的成長，但是幾年後確實可以達到14億美元的目標。

所以，瑪莉亞娜對自己的新路線極具信心，但是這不表示上司會接受這個提案。她該如何說服他們？她在心裡模擬對話，試著揣摩上司的每個問題與反應，她也意識到如果上司不接受延後實現目標，她可能必須辭職。她真的做好辭職的準備了嗎？她也知道，沒有達到營收目標就代表她會失去紅利，而這占了她整體報酬中的一大部分。

這個兩難讓瑪莉亞娜在心理上有好幾週的退縮，最後她下定決心要盡力讓高層了解計畫的合理性，損失紅利也在所不惜；如果上司始終無法接受較低的數字而要辭退她，這也是上司的損失。這樣一想，她的心情就恢復平靜了。幾天後，她提出自己修正過的計畫。

瑪莉亞娜以數字反映現實，但是高層主管並不接受這樣的說法。部門財務長曾和總公司財務長洽談，而她之前已經從部門財務長那邊隱約得到一點線索，現在訊息更是一清二楚：「不能減少。」接著，瑪莉亞娜就被開除了。她的上司雇用一個替代人選，猜一下他們接下來做了什麼：把目標數字調低。

如果你期望中階主管與現場第一線員工是看出早期警訊的耳目，預算會議和評估就應該邀請他們針對變革提出建議，特別是他們對現實的感受。這並不是找藉口或鬆懈。玩弄數字以提升地位就應該被解雇。我們很清楚，大部分的公司文化中都會顧及職業道德與安全，違背職業道德、貪汙就該被辭退。公布違規的後果，並加強溝通，就能強化這樣的訊息。製造業者現在每一次開會都會重複關於安全的訊息；違反規定的人都會受罰。你必須建立一個環境，讓員工願意熱切理解外部環境，並且在預算與關鍵績效指標造成組織僵固性時，願意提出改變的建議。

強健的財務復原能力

當你轉移到新路線時，必須重新分配現金、借更多錢、出售某些資產，或是找到願意投資的夥伴。當你培養出能力、禁得起意外衝擊，或快速集結資源精準搶攻機會時，你操控組織的能力也會變強。當現有事業是產生現金的來源時，你顯然不會想要把它售出、分割或終止。在新的投資案還無法產生現金時，需要謹慎經營以維持流動性。財務復原能力的基礎有兩個主要來源：財務實力與人際關係。

財務實力

財務實力包括資金結構、營運資金，以及現金的產生和運用，在管理時必須把不確定性放在心裡一併考慮。這就表示要利用財務槓桿，但也要權衡應該保留多少借貸能力，以備意外事件或機會出現時所需。你不會想要在意外衝擊發生時，被迫賣掉王冠上的珍寶。也許可以出售較不具生產力的資產來籌募資金，但是不要在最低價時脫手。2000年到2008年，印度的幾家基礎建設公司為了跟上這個國家發燒的經濟成長步調而大量舉債。約在2010年年初，利率開始攀升，加上運作陷入癱瘓的中央政府限制煤礦與天然氣的取得，有些業者因此遭遇流動性問題，只好出售資產。

在充滿不確定性的時代中，管理營運資金需要紀律，要確認應收帳款不要拖延太久，以免無法收到款項，從而失去流動性。顧客也會受到不確定性影響，這會限制他們的付款能力。當不確定性很高時，存貨的風險也會增加，因為過時的可能性就會提高。當局勢不明朗時，現金顯然就是優勢，因為你可以用現金收購公司，引進專門的技術知識、在新市場上占有一席之地，或是需要的技術，以進行轉型。谷歌擁有可觀的現金儲備，讓它能追求極具企圖心的長期成長專案，並且收購能讓它在新的重要技術領域占有立足點的公司；而微軟的祕密資金也讓它得以買下諾基亞，這是讓它從依賴軟體轉往鎖定裝置的重要一步。

當然，過多現金可能會引起收購者與某些維權股東的覬覦，為了防止這些干擾，你要釐清公司的新路線和現金運用的方式，並忍痛向大家溝通現實狀況。2013年，蘋果受到維權股東伊坎（Carl Icahn）強力施壓，他認為公司應該把可觀的現金分給股東。他從同年8月開始購買股票，到了2014年1月增加持股達到30億美元。蘋果已經宣布要以股利與庫藏股的方式把錢還給股東，但是伊坎卻要求得更多，所幸包括加州公務人員退休基金（CalPERS）與紐約市主計處在內的其他股東，仍然相信經營團隊明智應用資金的能力，而法人股東服務（Institutional Shareholder Services）這家為股東與公司權利提供顧問的公司也抱持同樣見解。伊坎慢慢降低要求；蘋果的執行長庫克（Tim Cook）也減少庫藏股和股利的規模，因此得以進行對未來的投資。事實上，他在2013年與2014年上半年就收購超過十家公司，似乎顯得太過狂熱。

全備企業（化名）是一家位在美國東南部的重要工業

產品批發商，產品包括維修設備。公司持有大量的獲利與現金，之後遇上剛剛興起的數位化威脅。就像一家又一家的零售商受到亞馬遜與eBay的傷害一樣，企業對企業的供應商也開始無法抵擋線上通路的攻勢。全備有忠誠的顧客群、很多倉庫及批發設施，長久以來這些都是它的競爭優勢。但是，從數位業者的角度看來，這些固定資產反而讓它陷入不利的局面。經營團隊必須找出可能的新路線，而且重要的是要如何管理過渡期，才不會造成投資人失去信心。

高層團隊認為，他們必須成為全通路，提供顧客更多購買的選擇。他們必須加速行動打造數位門面，極可能會動用大筆資金。所幸，全備擁有財務復原能力，讓它能積極採取行動。公司資產負債表的狀況良好，特別是債務與總資產的比例，而且現金來源充足。執行長開始招募公司需要的專門知識人才、成立獨立的部門，承受著來自公司內部的反對聲浪。他們反對新部門得到更多的關注與資源，因為該部門的獲利很低，而且要花很久的時間才會成熟。如果沒有資助新事業的財務實力，這家興盛的公司可能就會失去反擊能力，最後終將被取而代之。

人際關係

財務復原能力不只是累積現金，也包括你在建立的信譽和人際關係下可取得的資源。2013年，由於公司面臨利潤愈來愈微薄、但利率卻愈來愈高的嚴重擠壓，米塔爾（Sunil Bharti Mittal）幾乎被逼到牆角，毫無退路。他之所以能順利解套，並不是因為有暗藏資金（這家公司的錢根本不夠，還嚴重負債），而是因為他身為遵守紀律的營運商與創業家的信譽，讓公司得以度過艱困的時期，並協助為下個階段做準備。

米塔爾是巴帝企業（Bharti Enterprises）的創辦人暨董事長，該公司是巴帝電信（Bharti Airtel）這家在新德里發跡的全球電信巨人的母公司。藉由商業智慧與高度的營運紀律，米塔爾把這家在新德里全新行動電話市場上分一杯羹的小小新創公司，經營成印度最大的行動電話公司。一路上的經營十分艱辛，他在早期運用夥伴關係快速擴大，接著推出新的商業模式，讓夥伴架設網路並經營後勤資訊系統。這讓巴帝電信釋出時間和金錢，並能以更快速的建立無線經銷商網路。2010年，由於想要爭取全球市場，巴帝電信買下電信與數據服務商扎因集團（Zain Group）的非洲行動電話資產，一口氣搶占二十三個非洲國家市場。投資人對米塔爾的非凡本事大為讚賞。當他宣布想要收購扎因集團時，電話響個不停，因為銀行家全部都想借錢給他。

而後約在2011年，巴帝團隊發現，很多非洲國家的基礎建設比他們所想的還落後，因此需要投入更多資金，而且競爭者也在當地市場進行激烈的價格戰。先用低價吸引顧客，之後再販售高利潤的服務，這套公式在非洲的很多國家都行不通，所以營收的成長也比預期緩慢。同一時間，由於法規改變，進入印度市場的障礙變低，在國內市場也開始爆發價格戰。印度的利率與通貨膨脹都在上漲，印度貨幣盧比也在貶值，因此公司負擔債務遭遇困難，現金非常吃緊。

由於下定決心要力挽狂瀾，米塔爾挑出幾個可以出售或分割的資產，並且找到幾個敬重他商業敏銳度與信賴度的投資銀行家，協助公司得到所需的融資，以度過這個難關，得以繼續往下一個階段邁進。在那之後，競爭風向也改變了，價格開始回穩，財務狀況也所改善。在面對不確定性時，米塔爾的信譽與人際關係被證明和現金一樣具有價值。

讓大家與你同一陣線

在過渡時期，要持續探測別人的意見，知道不同支持者的反應。因為你現在是從現有路線要轉向到未經測試的新路線，即使是善意的旁人，也會有不同的判斷與信心；至於那些與你不同陣營的人，可能會把過渡時期當成把你趕下台的大好機會。

執行長必須特別注意投資機構及其董事會。提出短期成果的壓力大部分會來自於這些交易股票的投資人，他們會提出各種比較報告，都是不利於經營團隊先前宣布的預期，或是不符合股市分析師的共識或同儕團體的表現。很多時候，未達到預期的每股盈餘，例如以2.5美元為基準，即使是少了1美分，也會被認為是天大的災難，而重創股價。這種壓力會排山倒海的從董事會、高階主管延伸到組織基層。

但是，大部分的投資人並非短期交易者，上市公司中約有70%的股票是由投資機構持有，這些法人傾向在投資組合中持有股票超過一年。如果他們不滿意，就會成群移動。如果你在他們的心目中具有可信度，他們可能會購買更多的股票。就像谷歌、蘋果及亞馬遜領導團隊清楚顯示的，如果你解釋清楚正在走的路線，並提出過渡時期的手段，也能讓投資人和你站在同一陣線。如果你能完成已經依長期路線界定的短期里程碑，就能提高你的可信度。

拉攏董事會也不可或缺，但是會比較微妙一些。通常一個董事就能破壞執行長的計畫，所以你必須知道董事會的內部權力所在，並保持資訊暢通，如此一來，就算有不同的意見也不會讓你覺得意外。和董事會分享資訊，讓他們看到你所看見的未來，董事會就會成為你的夥伴。超高級辦公室座椅與家具製造商Tru Posture（化名），產品通常是賣給建設公司和辦公室設備供應商，它就是在新舊路線面臨關鍵轉捩點的眾多公司之一，而且公司的董事會對兩個世界都抱持觀望態度。這家公司有10%的市占率，年營收20億美元，因此公司仍有獲利，雖然整體的需求正在慢慢減少，但是傳統生意的市占率尚有可觀的成長空間，顧客與使用者都同意它的產品是最頂級的。

但是，當千禧世代進入職場後，情況就為之一變。他們的工作時間長、注重健康，並且期待即使是很普通、似乎改變很慢的產品，如辦公室座椅，也應該應用數位工具，讓出色的產品變得更出色。公司因此看到主動出擊的機會，它開始一項實驗性的計畫，開發出以科技掛帥的人體工學座椅，在椅背、椅座及椅臂上安裝感應器，可以把使用者的脈搏、心跳、血壓與姿勢等相關資訊傳送到智慧型手機上。顧客取得這些資訊後就可以調整座椅，提升舒適度、把脊椎拉正，希望得以提升生產力。

意見分歧拖延了良機

這個產品光是做出原型與測試，就花費一年的時間和大筆金額，現在公司決定擴大生產，而這表示要聘雇高薪的技術專家，並建立必要的數位基礎設施。這需要大量的現金投資，而且極大部分都是開銷，因此在短期內會降低每股盈餘，投資人一定不樂見這種情況。另外，現有的辦公室設備供應商無法提供需要哪些產品的意見，所以Tru Posture必須找尋新的供應商，這些長期關係可能會變得有點緊張。在不確定市場會如何反應，以及天生的數位公司是否會大幅改變這個產業的情況下，所有的一切都必須完成。也許最困難的問題是人：要改變一群多年來幫助公司成功，但是現在技能已經不重要的人。只要公司決定新的方向，每個人都知道現有的事業將會縮減，最優秀的人才可能會離開。

不只是高階團隊在權衡這些問題，董事會也是如此，因此意見分歧。一個擔任該職務已有很長時間、極具影響力的董事會成員相信，公司應該擴展現有的事業，因為公司有能力與品牌可以做到，況且對新生意的了解也太少。他說：「我們了解我們的核心事業，它還有成長空間，但是對全新的數位市場卻一無所知。」但是，另一個本身就擔任一家天生的數位公司高階主管的董事會成員，已經看過很多像他的公司一樣的企業改變整個產業。他納悶的是，數位科技為什麼不會對這個產業造成衝擊？Tru Posture為什麼會成為落後者？在撰寫本書的期間，董事會的意見持續分歧，這件事仍懸而未決，執行長無計可施，只能看著寶貴的時間一直在流失，憂心忡忡。

就像我們在前一章看到的，威訊的執行長斯登柏格在2004年提出龐大的光纖網路計畫，希望能在美國各地布建網路、纜線，傳送影像訊號。他與團隊都相信這筆花費對威訊的未來至關重大，而他們必須至少贏得一個重要擁護者：董事會。斯登柏格並沒有只靠團隊的簡報做為說服的說詞，他和董事密切互動，並且經常分享有關外部環境目前變化的資訊。在一次又一次的會議上，他針對法規的變化、競爭對手正在做的事，以及科技上的最新發展，提供最新消息。他也帶進外部專家，談論科技與未來的應用能力，也邀請製造商談論看到即將發生的事。

董事會因此得以深入了解這些議題，並持續檢驗經營團隊的計畫，結果印證斯登柏格的看法沒有錯，因此即使分析師批評這個大膽的決定，卻還是全力支持。斯登柏格讓對話繼續，投資機構最終也看到這個決策的智慧。現在，AT&T也起而效尤。

溝通是讓大家與你同一陣線的關鍵，溝通的內容包括事實、你對還不明朗事情的看法，以及可能發生的第二種、第三種後果。如果你都做到卻仍無法說服任何人，可能就必須重新思考你的計畫。但是，這不表示你必須放棄。畢竟，領導力的實踐不是靠投票表決，而是靠說服。就像斯登柏格說的：「總有一天你必須說『這是我相信的事。』如果光纖網路的投資不成功，董事會可能會撤換經營團隊，我會坦然接受那個結果。」

在下一章中，我們會看到領導者與團隊在面對意外的猛烈攻擊時要如何反擊。

第16章

快速反擊

默克的故事

在帶領公司度過不確定狀態時，即使沒有遭遇到全面、全力的抵抗，至少也會面對大家的疑慮。你的內在必須具有強大的復原能力，以及根深柢固的信念，相信你能克服所有難關，並強力執行短期與長期的雙重目標。你也必須理解大家的需求，如清楚釐清目標，以及生涯目標、報酬等引發恐懼的現實議題。回應突然發生的變化、快速重新設定路線，並穩定的帶領組織前進，這些似乎都是無理的要求，卻是你必須準備面對的挑戰，就像在2012年年底，加萊奧塔擔任默克的醫院與特殊照護事業總裁時一樣。

加萊奧塔的領導團隊重新檢視當年與未來五年表現預期時，對於所看到的事憂心忡忡，因為年複合成長率逐年趨緩，而且營業利潤也大量流失。在默克，追蹤其他製藥公司的績效，並評估它們正在研發的新藥，是平常的例行工作；評估其他競爭藥品的作用時間與攝取量，也是例行工作的一部分。但是，隨著時間經過，「已知」忽然有了很大的改變，很多新的不確定狀態顯然會對公司產生負面衝擊。加萊奧塔及其領導團隊想要測試：他們能否快速從防守轉為攻擊，盡快重新設定路線，並且帶領組織朝向新路線前進？

業務總體檢

2011年，默克成立醫院與特殊照護事業，針對自家特殊事業的獨特顧客群提供更好的服務，加萊奧塔從當時起就開始擔任總裁。他帶領的集團包括短期急症醫護中心（Acute Care Hospital）、愛滋病毒、C型肝炎病毒、腦神經科與免疫科、腫瘤科和眼科的全球經銷體系，總共可以產生大約100億美元的營收，相當於默克20%以上的營收。該集團不但有自己的研究與製造部門，也和公司的其他部門緊密合作。

加萊奧塔進行典型的成本控制行動的第一年，就開始劃分集團內個別事業的價值，以便更了解每個事業對集團與默克整體的個別貢獻。在為2013年進行規劃時，他們有很好的理由預期，醫院與特殊照護事業短期內的營收會繼續成長。由於良好的品牌管理、加強審查支出及目標投資，經營團隊還能解決市場上的小波折。他們努力在幾個主要的治療領域，如C型肝炎病毒與愛滋病病毒，設定一組符合現實且能達成的目標。他們得知競爭對手已經在研究替代療法，也知道相關法規的主管機關如何運作。他們基本的情境規劃是，至少在一到兩年內沒有任何一種替代療法能取得美國食品藥物管理局核准。

對於競爭態勢的這個看法，再加上目前的績效走向，成為加萊奧塔及其團隊為了強化績效而擬定的五年計畫基礎。而內部的疑慮聲音，指向成長與獲利能力的目標被認為太過保守。舉例來說，默克有種治療腦瘤的藥品很快就會失去專利保護，有些人強烈認為醫師不會願意用非專利藥來治療這麼嚴重的疾病。同時，醫院與特殊照護事業集團內的多種新藥也正在研發中，有機會補足現有藥品在短期內的衰退，而且有許多人相信這些新藥會如期上市。

危機的浮現

2013年年初，團隊成員聚集在一起進行業務審查並評估市場態勢，當時已經出現幾個新發展。第一個是C型肝炎領域。默克的競爭對手吉利德（Gilead）的口服療法，雖然尚未通過法規核准，但已對默克的市場領導地位造成沉重打擊。因為市場的轉變非常快速而戲劇化，由於醫師預測很快就會有更好的療法出現，於是暫緩病患的治療計畫。很多C型肝炎病患好幾年都不會出現症狀，因此對於這些沒有症狀的病患，醫師會很安心的放棄現有療法，即使是很好的療法也一樣，以支持有更多好處的療法，例如更容易進行或是療程更短的療法。

但是，默克其實正在推出一種治療C型肝炎的注射新藥維取力（Victrelis），這種新藥可望為醫院與特殊照護事業帶來可觀的成長。但是現在，吉利德的口服療法提早為市場帶來意外的希望，市場對於原來的預期也有了不同看法。這個轉折對默克與其他在目前C型肝炎病毒治療市場的競爭者來說，造成嚴重且立即的影響，針對新上市療法的數百萬美元市場幾乎就要消失不見。

壞消息還不只這一樁，由於美國食品藥物管理局的新法規會輔助任何可以加速治療的藥物或「突破性療法」，使得默克在另一個領域面臨更激烈的競爭：愛滋病毒療法。美國食品藥物管理局長久以來就有「快速審查」（fast track）核准程序，用以加速通過某些醫療需求還未被滿足的新興療法。2013年年底，美國國會通過立法，只要被認定是「突破性」療法，審查程序就會更快。這種認定是針對治療嚴重或威脅生命的疾病時，能帶來重大進展的某些藥品。美國食品藥物管理局極具創意的和這些贊助企業合作，並投入資源照看這些療法能順利通過審查程序。結果，有兩個愛滋病毒的新療法獲得認可，並得以快速進入市場，一個來自吉利德，另一個則來自ViiV〔匯集葛蘭素史克、輝瑞及塩鐵義製藥公司專家的獨立公司〕。默克的領導階層知道戰爭已經開打，也有面對新競爭態勢的計畫，他們聚焦在不同的時間架構。結果，愛滋病市場的競爭加劇，加上C型肝炎市場的大幅轉向，為集團的營收帶來龐大壓力（約為30億美元），營業利潤承受的壓力甚至更大。

此外，其他的不確定性也隨之浮現。一個重大變化是歐洲更改法規，比預期更早把非專利藥引進默克的免疫科相關市場。過去一直未在歐洲通過的生物相似性（biosimilar）藥品，也重新回歸討論的議題。過去主管機關通常不允許某個分子的數據類推到另一個分子，也就是只要推廣應用的候選對象在任何部分有一點不同就必須分開檢驗。但是，歐洲的主管機關卻意外採取不同的看法，准許藥商可以從一種藥品的用法類推到另一種用法，也就是採取所謂的生體相等性（bioequivalence）。主管機關的看法似乎只是很小的轉變，卻讓競爭者的藥品有了更廣的用途，而且也為生物相似性藥品打開更清楚的發展路線，這對默克的醫院與特殊照護事業中每年都有兩位數成長的醫療領域帶來嚴重的威脅。

還有另一個意料之外的不確定性，就是腫瘤科醫師的行為。默克有一種腦瘤用藥帝盟多（Temodar）的專利到期，而另一種非專利藥也上市了。集團對這件事已經有所準備，只是不確知對於這麼嚴重的疾病，醫師會多快改用非專利藥來替代。結果發現，醫師換藥的速度比預期來得快，於是，這個市場也在迅速流失。

加萊奧塔總結這四個最新發展的衝擊與意義，並重新思考事業：「情況很明顯，營運計畫中的成長數字遠低於未來五年所需的數字，我們必須想辦法，盡快填補落差。」

以事業價值訂預算

當成長預期遠低於理想數字時，你要怎麼辦？一個選擇是沉潛待發、削減成本，並準備面對連帶的負面餘波；另一個選擇則是繼續強化你的看法，並堅定決心，找出新的成長機會。受到新情勢所迫而不得不更聚焦時，加萊奧塔轉而主動出擊，他從全公司的不同領域，找來六個深具潛力、富有創新精神的主管組成團隊，嚴格檢視公司與外在世界，以找出機會何在，還有很重要的是哪裡機會不再。他從公司的領導團隊中挑選一名高階主管從旁協助，並且親自指派一個極具潛力的團隊成員從頭到尾帶頭努力。每個團隊成員會和主要經銷商、專案主管、個別的直接部屬、市場與必須的支援部門合作，以評估整個公司的狀況，並提出一條可以前進的路線。

在過去，醫院與特殊照護事業進入的每個產業一直都被視為同等重要。在規劃預算期間，例行的作業方式就是在為自己的事業爭取資源時，把故事說得最吸引人的主管就可以得到最多的預算。加萊奧塔知道，是時候該退一步反省這個方法了：「每個事業為了成長都非常積極進取，而且為了成長所需的資源也爭執不休。他們認為他們應該這麼做，而且也受到這樣的刺激與鼓勵。但是，我開始思考我們必須更了解公司的損益。哪一些事業可以帶來最大的報酬、有最大的成長預期，可以因此提升營運績效？哪些比較不賺錢又成長停滯？有沒有參與這些事業的不同方法，或是退場的做法？我的想法是，如果做出更清楚的選擇，我們的績效就能提升。」

哪些事業可以創造價值，哪些事業會拖垮績效，把這個問題想得更透徹，就成為加萊奧塔親自挑選成軍的核心小組負責的共同專案。在和加萊奧塔的直接部屬密切合作後，專案團隊集思廣益，把全部的事業整理成三類，並標示出他們對於該如何處理這些事業的建議：加碼投資、用新的方式經營，以及出售變現。他們的區分依據是市場環境對每個事業成長潛力的影響，還有各事業單位內部的實力、事業的穩定度及新藥研發的前景。為了更了解市場環境，專案團隊也和重要地區與市場的負責人密切合作，並採納他們的知識和展望。另外，專案團隊利用內部的市場數據與二手資料來源，為每個事業想像未來可能的模樣。

尋找藍海市場

一個關鍵觀察與全世界醫院所面臨的挑戰有關。在全世界的所有市場中，不管是中國、美國或日本，醫院的醫療方式一直在快速變化，所有醫院都在試圖降低成本，但是同時也認清必須有所改變，才能把醫療結果控制得更好，避免病患再次住院引發高成本。隨著專案團隊對醫療照護這部分更駕輕就熟後，大家提出一個假設：短期急症醫護中心是一個被低估的成長機會。這家公司已經提供醫院不同疾病的療法，但是這個洞見卻指出不一樣的角度，與其定義醫院可以治療的疾病，也就是過去一直以來做的事，不如讓醫院成為一種顧客區隔或通路，也可以更廣泛的探測顧客需求，而默克就能為這群顧客找出更好的方法。

接著，專案團隊逐一檢視一開始設定的檢驗問題並加以分析。未被滿足的醫療需求中，醫院代表很大的一部分嗎？答案是肯定的。這個顧客區隔可以繼續維持嗎？可以。現在的競爭環境能看出投資的價值嗎？能。在這部分有沒有可以追蹤的創新作為？的確有。從各種標準來看，聚焦在醫院更廣的需求上，這個市場區隔都非常吸引人，而且值得大力投資，之後默克就能以獨特的方式與同業競爭。

「從那時候開始，我們仔細整理出尚未被滿足的領域，而且是造成醫院最多直接或間接成本的地方，並看看我們自己符合的程度。」加萊奧塔說明道：「舉例來說，醫院處理住院感染病患的成本負擔極大，平均每個病患的成本是10.8萬美元。在我們的研發程序中有幾個新的抗生素計畫，再加上在計畫中對現有藥品也有新的構想，所以這一點很符合。我們還找出好幾個高度未被滿足、造成醫院龐大成本負擔的領域，由於我們本身並沒有立即可用的治療方法，如果在公司外部發現，我們也有全球的基礎經銷架構為顧客提供藥品；換句話說，我們的產品線會鎖定在尚未被滿足且造成醫院高成本的領域，以找出填補落差的方法，並且對顧客提供更好的服務。這真是得到天啟的時刻啊！」

競爭者的狀況又如何呢？並沒有明顯的領導業者出現，大部分的大型藥廠並未投資默克重新思考的市場。這是可以理解的，因為法規主管機關與醫療給付部門（payer landscape）才剛開始攜手準備解決未被滿足的需求，也缺乏誘因開發這塊市場。正式的研究結果也與這個新想法一致，其他醫院都表示，如果默克率先買到尚未被滿足領域的創新藥品，它們也會很有興趣，特別是在沒有看到有很大進展的醫療領域更是如此。甚至醫療給付部門與法規主管機關的看法也很一致，因為它們也樂見像黴菌感染與傳染病的問題有先進的療法。

成長四支柱

所有的外部與總體趨勢都顯示，專案團隊假設醫院區隔是一個成長機會，觀點十分正確，他們接著就順勢而為。但是，他們在這個市場的投資不足，因而造成策略與組織上的雙重問題。問題變成是，他們能否用不同的方法經營該市場？又要怎麼做？

專案團隊決定出四大「成長支柱」。第一個支柱是，加強推廣現有藥品，目標要更精準，同時支持更多研究補助金，以延伸現有藥品的科學應用。

第二個支柱是，加速已經在進行中的新藥研發程序，對病患來說，這部分的藥品通常沒有其他選擇。要做到這件事的方法之一就是強力說服美國食品藥物管理局，舉例來說，要讓美國食品藥物管理局知道治療感染和治療癌症並不一樣。病患進入醫院後遭到感染，接著就會被長時間隔離在加護病房，通常結果都不好，也會對醫療體系造成很高的成本，對病患、對家人及醫護人員來說也是很大的負擔。美國食品藥物管理局其實也有類似的看法，結果就讓默克正在研發中的一種新抗生素進入快速審查程序，只要新藥的表現一如預期，就能以更低的成本快速上市。

第三個支柱是，針對能解決醫院高成本且尚未被滿足的問題，同時也是默克未進行研發的領域，積極找到其他公司已有的藥品。

第四個支柱則是，提供醫院顧客更多醫療支援。特別是目前已有資訊顯示，確認感染所花費的時間、造成感染的「瑕疵」、正確治療方式、第一次用藥的方式等，對於治療的結果都會有很大的影響。愈快治療，就愈不會致命。所以，默克整合出「抗生素管理計畫」（Antimicrobial Stewardship），明定標準作業程序與溝通標準，幫助醫院縮短第一次診斷、正確處方到第一次用藥之間的時間。

眼前的道路讓人振奮不已，但是還有一個難題：資源有限。「和這一行的其他人一樣，我們只有固定的資源。」加萊奧塔說道：「所以我們必須挪用資金，才能實現這個服務醫院的機會。」他和團隊仔細檢查其他事業單位，包括腫瘤科、愛滋病、免疫科、肝炎、腦神經科及眼科，並用同樣的參數評比，以找出醫院有勝出機會的項目，其中包括五年的平均複合成長率、利潤貢獻與研發中新藥的價值。有些事業十分穩健，但有些顯然是在「變現」的類別。免疫科、愛滋病和C型肝炎就介於其中，因此接受更嚴格的評估，並成為集中投資的候選單位。至於不符合標準的事業單位，專案團隊就會研究是否在默克體系外還能持續獲利。專案團隊假設，和公司內部的其他機會相比，這些事業單位在默克外部可能會比在默克內部更有價值。

當時腫瘤科還是一個懸而未決的單位。有一個稱為anti-PD1抑制劑的治療癌症新藥，早期的研究資料顯示，它能活化病患的自體免疫系統來對抗腫瘤，看起來似乎極有前途，默克可能會在這個領域成為頂尖的突破者。但是，目前的發現還無法做出結論，所以要說默克在腫瘤科這個領域會勝出似乎還言之過早。因此，團隊建議一個清楚的判斷原則：如果通過科學驗證，就留下並成立一個獨立的事業單位；如果沒有通過，就不做這個生意。在接下來幾個月，anti-PD1抑制劑確實證實對默克來說有很大的潛力，因此公司採納團隊的建議，把腫瘤科移出並成立獨立的事業單位，這個新藥將在三十年內成為癌症治療最有意義的發明。

同甘共苦

由於專案團隊經常應用經濟面、分析式、由外而內的、以顧客導向的資訊，在2013年第一季結束時已經到了切換到執行模式的時機。在很多公司，再好的計畫在這時也會被推翻，因為來自高層的被動式攻擊、拖延及扯後腿行為會層出不窮。幸運的是，默克並沒有遇到這些事，由於一直專注在人的部分，包括在策略形成階段就與對的股東密切互動，也有明確的短期目標，因此被證明是一個成功的方法。高層一同意這項變革計畫，加萊奧略就從專案團隊裡挑選幾個關鍵人物，請他們帶頭執行。

受到醫院與特殊照護新事業方向衝擊最大的也是人，曾經參與定義新路線的人，再加上整個部門大約十個主管，本身的工作都受到影響。有些人的單位縮小規模；有些單位被切割。但是，面對大變局時，如果專案團隊沒有聚在一起協商，整個集團都可能會出軌翻覆。另外，退出眼科、帕金森氏症及精神分裂症的治療也是計畫的一部分，此舉將重新分配資源，讓其他的事業單位得以成長。

早在兩年前，專案團隊就為醫院與特殊照護事業單位的經營，擬訂一套「營運原則」，做為管理的依據。這些原則的關鍵是，他們要領導團隊把事業單位當成一家企業，而不只是許多獨立事業單位的集合體。其中一個重要原則是「善意推定」，也就是假設每個團隊成員都會著眼於更大的組織層面，盡全力改善。團隊成員也會透過有趣的方式，隨時謹記這些原則，例如在會議中玩隨堂測驗，或指出某些人的行為展現這些原則背後的精神。

當團隊進入執行模式，這些原則被證實是極為重要的。加萊奧略表示：「我們知道要求大家做的事並不符合默克的常規，也讓大家覺得不舒服。過去的常規是，只要提出一個高明的商業提案就會得到支持。現在我們突然說，你的工作不是看你能多賺多少錢，而是你能多有效的創造出我們需要的效率，以便把資源重新導向最賺錢的成長領域。這會是很大的改變，而且我們知道這件事很難辦到。我們非常認真看待這件事牽動的人性層面。」

相關的激勵措施也被提出，「我們告訴大家，如果他們保證投入新的方向，他們與組織的未來都會有更好的結果。」加萊奧略說道：「他們將會被安置在另一個理想上更好的位置。但是，大家也理解，如果他們不能或不願意變動，就會被撤換。從整體人才庫的觀點來看，事實上，在同一時間中我們把某些重要領域的人才都升級了。」

加萊奧略提到，自告奮勇的人展現出令人嘆服的決心，包括有些主管把自己的工作做個了結。「甚至在未來不再是優先單位的人，也因為清楚的計畫而鬆了一口氣。資源的優先順位、開銷縮減及風險，一旦公開說明清楚就會變得容易許多。」他說：「主管們都知道，業務若是和焦點領域不同，或是風險或報酬率不符合期待，就不必再提案或深耕，大家都知道該把時間與精力放在哪裡。」

為了協助改革，團隊用了簡單而嚴格的追蹤程序：兩頁有關計畫的關鍵要素參考表格，其中寫明各種步驟，包括出售眼科與腦神經科的資產、評估夥伴關係的機會，並在醫院推動四大成長支柱，這些都會每兩週重新檢視一次。從2013年4月到11月，因為有清楚的職責界定，加上頻繁監督短期目標，他們瘋狂集中心力執行工作。

到了11月，專案團隊開始提出明年的獲利計畫，他們研擬了五年預測，並以現有成績與一開始的成長目標做比較。儘管市場上出現新的挑戰，他們仍略微超越預訂的

2014年目標，與五年計畫的成長目標誤差在2%範圍內。這不是一件簡單的事，因為新計畫的成長目標是比原本的五年平均複合成長率基準還要高出20%。即使C型肝炎與愛滋病病毒的事業單位受到衝擊，重新聚焦的確讓集團開始成長；另外，眼科和精神分裂科事業單位也依照計畫順利出售，驗證了當初的假設：這些事業在默克以外會更值錢。2014年年初，剛剛設計好的核心事業氣勢不斷增長，成長提高、費用下降，士氣也很高昂。他們一直遵守一開始的建議，執行計畫也聚焦在短期急症醫護中心真正能增加投資的項目，短期急症醫護中心也展現出穩健成長的強烈訊號，一切正如專案團隊所預期。

精準看出新的不確定性

不確定性不會完全消失，但是醫院與特殊照護事業現在對於如何因應未知已經有了比較妥善的準備。加萊奧略說道：「是否能正確定義市場區隔，並不是我們最大的不確定性，醫療領域的科技變化與法規環境也都不是，競爭者已經把環境變得對他們有利，這讓我們始料未及，但是我們已經看出其中的模式，也學會如何把環境變成我們的優勢。」

「我們現在最大的不確定性就是執行。」加萊奧塔表示：「我們必須做出很多重大的選擇，才能讓組織更強大，這些都需要勇氣去執行。這項工作最大的成果之一就是，領導團隊的心態煥然一新，大家都不再滿足於現狀。我們整合整個領導團隊，並聚焦在執行層面，即使與自己的工作沒有直接相關，這樣一來就形成一種環境，只要是為了最大的成長機會與持續改善經營的方法，團隊成員都可以質疑並挑戰所有的選擇方案。」

最終的結果是，默克在執行雙軌作業時能保持警覺、組織也能具操控性，並且十分謹慎。「對我來說，要對願景保持專注與確信，同時還要把大家凝聚起來，是一大挑戰。」加萊奧塔說道：「這完全要靠紀律，為了實現未來的目標，短期內該做的事就是要堅守軌道，我們必須同時掌握內部與外部的現實狀況，這是每天都要打的仗，但絕對值得奮戰！」

第四部觀念提要

- ✓ 相對於外部環境變化的速度，你的公司組織有多敏捷且容易操控？
- ✓ 你要如何在自己的單位實施聯合作業會議？你預期會有哪些障礙？
- ✓ 你是否明確設計組織的決策節點？這些節點是否擁有對的專門知識、對的資源及對的領導力，以便快速行動？
- ✓ 你多常監督並診斷最重要的決策節點？是否在需要時就能立刻採取改善措施，包括撤換主管？
- ✓ 對於組織中某些在未來會變得比較不重要的部門，你是否願意把資源與人力調走？你是否會調動資源，以適當投資新的商業機會？
- ✓ 你是否有清楚的短期里程碑，讓較長期的路線也能有所進展？在目前的事業與打造未來的活動和投資之間，兩者的聚焦與資源的平衡，你做得有多好？
- ✓ 如果你看到新的機會，是否會把同事、直接部屬及主管們都納入其中，並且幫助他們看見你所看到的，特別是讓你的想法變得對消費者很吸引人的外部情境因素？如果你是執行長，你是否經常和董事會討論外部情境與新的機會？

✓ 是否建立夠強的財務復原能力，足以撐過結構不確定性，並快速掌握機會？

結語

想要建立並維持攻擊者優勢，持續刺激思考與反省能力不可或缺。想在結構不確定性的時代成功，你需要以下五種能力。每一個項目都可以從一分到十分，自我評估目前的程度（十分表示最高），然後想想你要如何提升，也許可以考慮用這些條件進行三百六十度自我評估。

1. 知覺敏感度
2. 在不確定性中看到機會的心態
3. 看到新路線並繼續堅持的能力
4. 精通到新方向的轉換過程
5. 讓組織具備操控性與敏捷度的技巧

你可以在ram-charan.com上看到完整的查核項目。

致謝

本書的寫作起於有一位印度客戶針對他的組織如何面對不確定性，請我給他建議。這個請求並沒有讓我感到意外，畢竟對公司領導者來說，光是印度政府就是很大的不確定性來源，但是這個問題的確刺激了我。在尋求實際的解決方案時，我見過也與很多聰明的領導者共事，他們的智慧也反映在本書的內容上。他們深具洞見，也願意和讀者分享這顆星球上一些最有啟發性的領導作為，我為此心懷感激。這些人包括Anish Batlaw、Vic Bhagat、畢揚尼、波爾茲、Larry Bossidy、Bruce Broussard、Kris Canekeratne、Richard Carrión、錢德拉、Bill Conaty、寇斯葛洛夫、Mark Cross、Howard Elias、Maria Luisa Ferré、費爾茲、芬克、Todd Fisker、John Flannery、加萊奧塔、Deb Giffen、Kiran Kumar Grandhi、Hugh Grant、Raj Gupta、赫佛森、Ron Heifitz、

Chad Holliday、Tim Huval、伊梅特、Sanjay Kapoor、凱利、Muhtar Kent、Jack Krol、庫馬、Terry Laughlin、利弗、Vinod Mahanta、Brian Moynihan、穆拉利、Kathleen Murphy、Arun Narayanan、Rod O'Neal、Tony Palmer、Raj Rajgopal、拉奧、John Rice、施瓦茲曼、斯登柏格、Deven Sharma、新恩、史戴摩里斯、Charles Tribbett、Joe Tucci、納斯托普、Brian Walker、Alberto Weisser、威爾許及Larry Wyche少將。

PublicAffairs出版公司的編輯John Mahaney，應用他卓越的專門知識確保讀者能有最好的閱讀經驗。他投入大量的時間與心力，才得以完成本書。我非常感激他對本書提供大量編輯上的參考意見。

我也要感謝PublicAffairs出版公司的高階團隊，他們是Clive Priddle與Susan Weinberg，有賴於他們的大力支持，並提供重要的建議；另外，也要感謝公關宣傳總監Jaime Leifer、公關經理Chris Juby、行銷總監Lisa Kaufman，以及行銷副總監Lindsay Fradkoff，感謝他們極具技巧的把本書推廣到複雜而充滿變化的市場。Collin Tracy把關於本書的所有生產過程環節都處理得非常出色，Sharon Langworthy則為本書撰寫精彩又完整的文案。

過去二十年來，Geri Willigan一直和我合作，協助我處理寫作的內容，並成為我的寫手、編輯、研究人員及專案經理。我得再提一次，由於他對大量資訊有一顆熱切而善於分析的心，並協助本書形成概念架構與素材呈現，為本書做出無可取代的實質與編輯貢獻。

至於《財星》雜誌的前資深編輯Charlie Burck，我在本書中借用他追根究柢的精神與卓越的寫作技巧。他具有對複雜題材深入淺出，讓人容易吸收的罕見天賦。

我也要感謝長期商業夥伴John Joyce，在幾個重點章節上提供非常有用的建言。

為了研究本書的內容，我四處旅行，甚至跑到世界上的偏遠地區數百趟。Cynthia Burr與Carol Davis是我位於達拉斯辦公室的魔法師，他們讓我不斷行動，卻從未出差錯。他們是讓我得以來往全球各地、卻仍能每天順利工作的基本團隊，我非常感謝他們的協助。

注釋

1. Andrew Edgecliffe-Johnson, "Online Courses Open Doors for Teenagers," *FT.com*, March 26, 2013, http://www.ft.com/intl/cms/s/0/c5a4b932-924c-11e2-851f-00144feabdc0.html#axzz2UdebusFD.

2. 負的營運資金是指庫存與應收帳款比應付帳款更低，所以公司愈成長，產生的現金就會愈多。

3. Ken Auletta, *Media Man* (New York: W. W. Norton, 2004).

4. http://www.automotivehalloffame.org/inductee/hal-sperlich/789/.

5. Krithika Krishnamurthy, "India to Be Launch Pad for Amazon's Plan to Deliver Packages Using Drones; Deliveries May Start by Diwali," *Economic Times*, August 20, 2014.

6. Jeff Bezos, Julia Kirby, and Thomas A. Stewart, "Institutional Yes: The HBR Interview with Jeff Bezos," *Harvard Business Review*, October 1, 2007.

7. 「客戶」或「顧客」是購買某項商品與服務的個人或公司；而「消費者」或「終端使用者」則是實際在使用的個人或公司。邦諾書店是出版商的客戶，而讀者則是消費者或終端使用者。

8. "Digital Leadership: An Interview with Jack Levis, Director of Process Management at UPS," *Digital Transformation Review* [CapGemini Consulting], January 5, 2014.

9. Shelly Banjo and Drew Fitzgerald, "Stores Confront New World of Reduced Shopper Traffic," *Wall Street Journal*, January 15, 2014.

10. 這個例子是根據兩個哈佛商學院的個案而來：Anette Mikes and Dominique Hamel, "The LEGO Group: Envisioning Risks in Asia (A)" (January 24, 2014, case no.

9-113-054)，以及Anette Mikes and Amram Migdal, "The LEGO Group: Envisioning Risks in Asia (B)" (December 10, 2013, case no. 9-114-048).

11.「操控性」(steerability）的概念是參考Hock-Beng Chea and Henk W. Volberda, "A New Perspective of Entrepreneurship: A Dialectic Process of Transformation within the Entrepreneurial Mode, Types of Flexibility and Organizational Form," in *Entrepreneurship and Business Development*, ed. H. Klandt (Aldershot, UK: Avebury, 1990), 261–286.

12. "Decluttering the Company," *The Economist*, August 2, 2014, 53.

13. "Leading in the 21st Century: An Interview with Ford's Alan Mulally," *Insights & Publications* [McKinsey &Co.] (November 2013).

14. Michael Distefano and Gill Kurtzman, "The Man Who Saved Ford," *Briefings* [Korn Ferry Institute] (Fall 2014).

15. Ibid.

16. Bryce G. Hoffman, *American Icon* (New York, Crown Business, 2012), 102.

17. 決策節點的概念是受到諾貝爾經濟學獎得主賽門（Herbert Simon）關於決策自主性的論文所啟發，可參見*Administrative Behavior* (New York: Free Press, 1949).

18. Chris Murphy, "Can Digital Business Make Tata a Software Company?" *Information Week*, February 14, 2014.

19. Jon Gertner, "The Truth About Google X: An Exclusive Look Behind the Secretive Labs' Closed Doors," *Fast Company*, April 15, 2014.

20. Ibid.

閱讀筆記

國家圖書館出版品預行編目(CIP)資料

攻擊者優勢：如何洞察產業不確定性,創造突圍新契機 / 夏藍(Ram Charan)著；林麗雪譯. -- 第一版. --
臺北市：遠見天下文化, 2015.12
面；　公分. -- (財經企管；572)
譯自：The attacker’s advantage : turning uncertainty into breakthrough opportunities
ISBN 978-986-320-900-3(精裝)

1.決策管理 2.組織管理

949.1　　104027033

財經企管 BCB572

攻擊者優勢

如何洞察產業不確定性，創造突圍新契機

The Attacker's Advantage
Turning Uncertainty into Breakthrough Opportunities

作者 — 夏藍（Ram Charan）
譯者 — 林麗雪
事業群發行人／CEO／總編輯 — 王力行
副總編輯 — 吳佩穎
書系主編 — 周宜芳
責任編輯 — 蘇淑君（特約）、周宜芳
封面設計 — 江儀玲

出版者 — 遠見天下文化出版股份有限公司
創辦人 — 高希均、王力行
遠見・天下文化・事業群　董事長 — 高希均
事業群發行人／CEO — 王力行
出版事業部副社長／總經理 — 林天來
版權部協理 — 張紫蘭
法律顧問 — 理律法律事務所陳長文律師
著作權顧問 — 魏啟翔律師
社址 — 台北市 104 松江路 93 巷 1 號 2 樓
讀者服務專線 —（02）2662-0012
傳　真 —（02）2662-0007；2662-0009
電子信箱 — cwpc@cwgv.com.tw
直接郵撥帳號 — 1326703-6 號　遠見天下文化出版股份有限公司

電腦排版／製版廠 — 立全電腦印前排版有限公司
印刷廠 — 祥峰印刷事業有限公司
裝訂廠 — 源太裝訂實業有限公司
登記證 — 局版台業字第 2517 號
總經銷 — 大和書報圖書股份有限公司　電話／(02)8990-2588
出版日期 — 2015 年 12 月 28 日第一版
2016 年 1 月 20 日第一版第 2 次印行

定價 — 350 元
ISBN — 978-986-320-900-3
書號 — BCB572
天下文化書坊 — www.bookzone.com.tw

Believe in Reading

相信閱讀